AF451698

CATALOGUE.

De l'Imprimerie de Fs. MARI, rue des Carmes,
No. 102.

CATALOGUE

DES

ARBRES, ARBRISSEAUX,

Arbustes et Plantes de pleine terre, d'orangerie et de serre-chaude; Oignons de Tulipes d'Hollande et de Jacinthes, Griffes de Renoncules et Semi-doubles, Pattes d'Anémones, etc., etc.,

QUI SE TROUVENT

CHEZ VALLET FRÈRES,

Pépiniéristes et Fleuristes à Rouen, faubourg S^T.-Sever, rue d'Elbeuf, N°. 90.

ROUEN,

1813.

ABRÉVIATIONS.

B. Bruyère, terre de Bruyère.
Oran. Orangerie.
P. T. Pleine terre.
P. T. B. Pleine terre de bruyère.
S. C. Serre chaude.
S. T. Serre tempérée.
V. ou *Viv.* Vivace, Plante vivace.
V. P. T. Vivace, Pleine terre.
Va. Variété.

CATALOGUE

Des Arbres fruitiers, Arbres, Arbrisseaux, Arbustes et Plantes de pleine terre, d'orangerie et de serre-chaude ; Oignons de Tulipes d'Hollande et de Jacinthes, Griffes de Renoncules et Semi-Doubles, Pattes d'Anémones, etc.,

Qui se trouvent chez VALLET frères,

Pépiniéristes et Fleuristes à Rouen, faubourg Saint-Sever, rue d'Elbeuf, N°. 90.

1. ABRICOTIER commun. *Prunus armeniaca.*
2. — à feuilles panachées.
3. — pêche.
4. — alberge de Tours.
5. — précoce ou hâtif.

1. ACACIA de Constantinople, arbre de soie, Julibrizin. *Mimosa Julibrizin.* Oran.
2. — de Farnese, Cassie du Levant, *Mimosa Farnesiana.* Fleur jaune. S. T.
3. — à tête blanche. *M. Leucocephala.* Fleur blanche. S. T.
4. — pudique, Sensitive. *M. Pudica.* S. C. Fleur pourpre.
5. — en panache. *M. Lophanta et Distachia.* S. T.
6. — à longues feuilles. *M. Longifolia.* Feuilles simples. Fleurs jaunes. Oran.
7. — à larges feuilles. *M. Latifolia.* S. T. Feuilles simples.

8. ACACIA à fleurs nombreuses. *M. Floribunda.* Fl. jaune soufre, odorante. S. T. Feuilles simples, très-petites.

9 — ondulée. *M. Undulata.* Fleur jaune. S. T. Feuilles idem.

10. — verticillée. *M. Verticillata.* Fleur jaune. S. T. Feuilles idem.

11. — Sensitive. *M. Sensitiva.* S. C. Fleurs pourpre.

12. — à feuilles de lin. *M. Linifolia.* Feuilles simples. S. T.

13. — à feuilles obliques. *M. Obliqua.* S. T. Feuilles idem.

14. — en arbre. A. à feuilles de fougère. *M. Arborea.* Oran. et P. T.

1. ACANTHE sans épines. *Acanthus mollis.* V. P. T.

1. ACHILLÉE à fleurs roses. *Achillea rosea asplenifolia.* V. P. T.

2. — mille feuilles, à fleurs pourpre. *A. purpurea.* V. P. T.

3. — pectinée. *A. pectinata. Impatiens.* Fl. blanche. V. P. T.

4. — d'Egypte. *A. AEgyptiaca.* Fl. d'un beau jaune. V. P. T.

5. — visqueuse, Eupatoire de Mesué. *A. Ageratum.* Fl. jaune odorante. V. P. T.

6. — dorée. *A. aurea.* V. P. T.

7. — laciniée. *A. Laciniata.* V. P. T. Fl. jaune.

8. — sternutatoire, Ptarmique. *A. Ptarmica.* V. P. T. Fl. blanche double.

9. — grande espèce. *A. Maxima.* Fl. jaune. V. P. T.

10. — à feuilles de Sureau. *A. Sambucifolia.* Fleur blanche. V. P. T.

11. — à grandes feuilles. *A Macrophilla.* V. P. T.

12. — à feuilles de Filipendule. *A Filipenduloides.* Fl. jaune. V. P. T.

13. — cotonneuse. *A. Tomentosa.* Fl. jaune. V. P. T.

(3)

1. ACONIT napel , casque. *Aconitum Napellus*,
    Fleur bleue. V. P. T.
2. — tue-loup. *A. Lycoctonum*. Fl. jaune. V. P. T.
3. — à grandes fleurs. *A. Cammarum*. Fleur bleue.
    V. P. T.

1. ACTÉE , Chrystophoriane. *Actæa Spicata*. Fleur
    blanche. V. P. T.
2. — à grappes. *A. Racemosa*. Fl. blanche. V. P. T.

1. OETHUSE à feuilles capillaires. *OEthusa meum*.
    Fleur blanche. V. P. T.

1. AGAPANTHE ombellifère , Tubéreuse bleue. *Aga-*
    panthus umbellatus. Oran.
2. — moyenne. *A. Medius*. Va. Fl. bleue. Oran.
3. — petite. *A. minor*. Va. Fl. bleu-tendre. Oran.

1. AGAVE d'Amérique. *Agave Americana*. Fleur
    jaune-soufre. Oran.
2. — à feuilles panachées. Va.

1. AGROSTEMMA. *Voyez* Coquelourde.

1. AIL velu. *Allium Subhirsutam*. V. P. T.

2. AIL doré. *A. moly. A. aureum.* V. P. T.
3. — odorant. A. de la Jamaique. *A. Fragrans. A. gracile. A. Striatum.* Oran. ou P. T.
4. — anguleux. *A. angulosum.* V. P. T.
5. — à feuilles de Narcisse. *A. Nigrum.* V. P. T.

1. AIRELLE myrtille. *Vaccinium myrtillus.* P. T.
2. — canneberge, ou Coussinette. V. *Oxycoccus.* P. T.
3. — ponctuée. *V. Vitis idœa. V. Ponctatum.* P. T.
4. — à larges feuilles. V. *Corymbosum.* V. *Amœnum.*
5. — à rameaux alongés. V. *Virgatum.* P. T.
6. — à feuilles de buis. V. *Buxifolium.* P. T.

1. AJUGA. V. Bugle.

1. ALATERNE. V. Nerprun.

2. ALBUCA blanc. *Albuca alba.* S. T.

1. ALETRIS odorant. *A. Fragrans.* Fl. blanches. S. C.
2. — du Cap. V. *Veltheimia. Al. uvaria.* V. *Tritama Al. Guineensis.* V. *Sanseveria.*

1. ALIBOUFIER officinal. *Styrax officinale.* Fleur blanche. P. T.

1 ALISIER terminal, Alisier des bois. *Cratœgus terminalis.*
2. ALISIER de Fontainebleau. *C. Latifolia.* Alisier à
   larges feuilles. *C. Dentata.*
3. — blanc. Allouchier. *Cratœgus aria.*
4. — de Suède. *C. Intermedia.*
5. — nain. *C. Chamœmespilus. Mespilus Chamœmespilus.*

1. ALOÈS en langue. *Aloe distica verucosa angustifolia.* Oran. Fleur rose.
2. — Lec-de-canne. *A. distica linguœ formis.* Fl.
   rose. Oran.
3. — panaché. A. Perroquet, *A. Variegata.* Fl.
   rose. Oran.
4. — en Arbre, Corne de Bélier. *A. Fruticosa.* Fleur
   rose. Oran.
5. — mitré. *A. mitrœ formis.* Oran.
6. — en épi. *A spica.* Oran.
7. — écrasé. *A. retusa.* Oran.
8. — chapeau. *A. imbricalis.* Oran.
9. — perlée. *A. margaritifera.* Oran.
10. — en éventail. *Al. Plicatis.* Oran.
11. — perfolié. *A. perfoliata.* Oran.
12. — de Bourbon. *A. Borbonia.* Oran.
13. — Arachnoïdes. *A. Arachnoides.* Oran.
14. — nain. *A. humilis.* Oran.

1. ALSTRAEMÈRE tachetée, Lis des incas. *Alstrœmeria pelegrina.* Oran.
2. — à fleurs rayées. *Alstrœmeria Ligtu.* S. C.

1. ALYSSE saxatile, Corbeille d'or ou Thlaspi jaune,
   Alyssum saxatile. V. P. T.
2. — blanc. *A. Incanum.* V. P. T.

1. AMANDIER commun. *Amygdalus communis.*
2. ———————————— à feuilles panachées. Va.
3. — à coque tendre , Amandier des Dames. Va.
4. — à fleurs doubles. *A. Pumila Flore pleno.* V. *Prunus sinensis.*
5. — dit de Perse. *A. nana.*
6. — satiné. *A. argentea.*
7. — pêcher à fleurs doubles. *Voyez* Pêcher.

1. AMARYLLIS à fleurs en croix , Lis de Saint-Jacques, *Amaryllis formosissima.* Fleur d'un rouge écarlate. Oran.
2. — rayée. *A. Vittata.* Fleur blanche avec des raies rouges. Oran.
3. — à fleurs roses. *A. Rosea. A. Belladonna. A. Reginæ.* P. T.
4. — crépue. *A. Crispa.* Fleur rose. Oran.
5. — jaune. *A. Lutea.* P. T.
6. — de Virginie. *A. Atamasco.* Fleur blanche. Oran.
7. — dorée. *A. Aurea.* Oran.
8. — écarlatte. *A. Punicea. A. Equestris. A. Dubia.* S. C.

1. AMÉLANCHIER du Canada. *Aronia botryapium mespilus Canadensis. Cratægus racemosa.* Fleur blanche , fruit noir. P. T.
2. — à épis. A. du Canada , à petites fleurs. *A. ovalis. Cratægus spicata.* Fruit une fois plus gros que ceux du précédent. P. T.
3. — à feuilles d'Arbousier. *A. Arbutifolia. Cratægus Mespilus.* Fleurs blanches, rougeâtres à l'extérieur , fruit noir. P. T.

1 ANAGYRIS, bois puant. *Anagyris fœtida.* Fleur jaune. Oran.

1. ANAMÆNIA coriace. *Anamœnia coriacea.* Fl. pourpre. V. P. T.

1. ANCOLIE des Jardins, Gant de Notre-Dame. *Aquilegia hortensis. A. vulgaris.* Fl. bleue, variétés, brunes, blanches, panachées, etc.
2. — rose. *A. rosea.* Viv. P. T.
3. — des Alpes. *A. Alpina.* Fleurs bleues, penchées, Viv. P. T.
4. — du Canada. *A. Canadensis.* Viv. P. T.

1. ANDROMÈDE poliée. *Andromeda polifolia.* Fl. rouge. P. T. B.
2. ———————— à larges feuilles. *A. Polifolia latifolia.* Fleurs blanches. P. T. B.
3. ———————— à feuilles étroites. *A. Polifolia Angustifolia.* Fl. rouge. P. T. B.
4. — axillaire. *A. axillaris. A. catesbei.* Fleurs blanches. P. T. B.
5. — à feuilles de Cassine. *A. Cassinefolia. A. Dealbata. A. speciosa.* Fl. blanche. P. T. B.
6. — rampante. *A. Daboecia. Erica Daboecia.* Fl. rouge. P. T. B.
7. — caliculée. *A. Caliculata.* Fl. blanche. P. T. B.
8. — à feuilles étroites. *A. Calyculata Angustifolia.* Fleur blanche. P. T. B.
9. — à grappes. *A. racemosa. A. paniculata.* Fleur blanche. P. T. B.
10. — luisante. *A. lucida. A. coriacea. A. nitida. A. myrtifolia.* P. T. B.
11. — dentées. *A. serratifolia.* P. T. B.

1. **ANÉMONE** des Jardins , des Fleuristes, *Ané-mone coronaria.* Une liste nombreuse de très-belles variétés à fleurs doubles. V. P. T.
2. — œil de Paon. *Anémone pavonina.* Fleur rouge, peu de blanc. V. P. T.
3. — à fleurs bleues. Anémone du Mont-Appennin, *A. Appennina.* V. P. T.
4. — pulsatille. *A. pulsatilla.* Fleur bleue. V. P. T.
5. — des bois, Sylvie , à fleurs doubles. *A. nemorosa.* Fl. blanche. V. P. T.
6. — à fleurs jaunes. *A. Ranunculoïdes,* V. P. T.
7. — étoilée. *A. Stellata.* Fl. violette. V. P. T.
8. ———————— à fleur écarlate.
9. ———————— à fleur pourpre.
10. — hépathique à fleurs bleues simples. *Anémone hepatica.* V. P. T.
11. ———————— à fleurs bleues doubles.
12. ———————— à fleurs rouges simples.
13. ———————— à fleurs rouges doubles.

1. **ANTHEMIS** à grandes fleurs. *Anthemis grandi-flora , Chrysanthemum indicum.* Fleur rouge pourpre. V. P. T.
2. ———————— jaunes.
3. ———————— roses.
4. — d'Arabie. *A. Arabica.* Fleur jaune.
5. — des Teinturiers. *A Tinctoria.* V. P. T.

1. **ANTHOLYZE** éclatante. *Antholyza fulgens.* Fleur d'un brillant écarlate. (Chassis des Ixias)
2. — d'Ethiopie. *A OEthiopica.* Fleur rouge safranée.
3. — ringente. *A Ringens.* Fleur d'un jaune orangé.
4. — de Merian. *A. Meriana.* Fleur écarlate. V. *Gladiolus.*

(9)

1. ANTHOSPERME d'Éthiopie. *Anthospermum
æthiopicum*. Orau.

1. ANTHYLLIDE argentée, barbe de Jupiter. *An-
thyllis barba Jovis*. Fleur d'un jaune pâle. Orau.

1. APALANCHINE à feuilles de prunier. *Prinos ver-
ticillatus*, *P. Gronovii*. Fl. blanches. P. T. B.
2. — Glabre, *P. Glaber*. Fl. blanches. P. T. B.

1. APOCIN à fleurs herbacées. *Apocynum cannabinum*. V. P. T.

1. ARABIS du Printems, arabette. *Arabis verna*.
Fleur blanche. V. P. T.

1. ARBOUSIER commun. *Arbutus unedo*. Fl. blanches.
2. ———————— à fleurs rouges. Orau.
3. — à panicules. A. *Andrachne*. Fleurs blanches.
Orau.

1. ARBRE de Judée. *Voyez* Gainier.

1. ARCTOTIS tricolore. *Arctotis tricolor.* Oran.
2. — superbe. *A. Superbus.* Oran.

1. ARGAN à feuilles de laurier. *Sideroxylon lauri-folium , S. Melanophleum Manglilla.* Fleurs blanches. Oran.

1. ARGOUSSIER rhamnoïde. *Hippophae rhamnoïdes.* P. T.
2. — du Canada. *H. Canadensis.* P. T.

1. ARISTOLOCHE siphon. *Aristolochia siphon.* Fl. violettes. P. T.
2. — toujours vert. *A. Sempervirens.* Fl. pourpre brun.

1. ARMOISE-AURONE citronelle. *Artemisia abro-tanum.* V. P. T.
2. — amère, absinthe commune. *A. Absinthium.*
3. — estragon. *A. Dracunculus.* Estragon commun.

1. ASCLEPIAS à feuilles de saule. *Asclepias fruti-cosa.* Fleur blanche. Oran.
2. — Incarnat. *A. Incarnata.* V. P. T.

1. ASPHODELE jaune. Bâton de Jacob , Verge de Jacob. *Asphodelus luteus.* V. P. T.
2. — blanc, Bâton royal, *A. Albus. A. Ramosus.* V. P. T.

1. ASTERE de la Nouvelle-Angleterre. *Aster Novæ-Angliæ*. Fleur violette. V. P. T.
2. ——————— à rameaux nombreux paniculés.
3. — de Tradescant. *A. Tradescanti*. Fleur bleu pâle. *Idem.*
4. — à petites feuilles. *A. Miser*. Fl. bleue. *Idem.*
5. — à feuilles de bruyères. *A. Ericoides*. Fl. blanche. *Idem.*
6. — à grandes feuilles. *A. Macrophillus*. Fl. violet pâle. *Idem.*
7. — à grandes fleurs. *A. Grandiflorus*. Fleur bleu pourpre. *Idem.*
8. — maritime. *A. Tripolium*. Fleur du plus joli bleu. *Idem.*
9. — Amelle. *A. Amellus*. Fleur bleue. *Idem.*
10. — à feuilles étroites. *A. Angustifolius*. Oran.
11. — de Sibérie. *A. Sibiricus*. Fleur violet tendre. V. P. T.
12. — Pliant. *A. Viminalis*. Fl. blanche. *Idem.*
13. — à fleurs en cœur. *A. Cordifolius*. Fleur violet-pâle. *Idem.*
14. — de la Nouvelle-Belgique. *A. Novi-Belgii*. Fl. bleu pâle. *Idem.*
15. — à feuilles de Linaire. *A. Linarifolius*. Fl. bleue. V. P. T.
16. — à feuilles d'estragon. *A. Dracunculoides*. Fleur bleue. V. P. T.
17. — à feuilles ridées. *A. Radula*. Fleur bleue. V. P. T.
18. — géant. *A. Puniceus*. Fleur bleue. V. P. T.
19. — remarquable. *A. Spectabilis*. Fleur bleu pâle. V. P. T.

1. ASTRANCE à larges feuilles, Sanicle femelle. *Astrantia major*. Fl. blanche. V. P. T.
2. — moyenne. A. *Minor*. *Idem.*

1. ATRAGENE des Indes ou à grandes fleurs. *Atra-gene Indica. Clematis grandiflora.* Fl. blanche. V. P. T.
2. — des Alpes. A. *Alpina.* Fl. blanche. V. P. T.

1. AUBÉPINE. *Voyez* Néflier.

1. AUCUBA du Japon. *Aucuba Japonica.* Fl. violet-pourpre. P. T.

1. AYLANTE glanduleux, vernix du Japon. *Aylantus glandulosus.* P. T.

1. AZALÉE nudiflore. Fl. blanche odorante. *Azalœa nudiflora.* P. T. B.
2. ————— à fleurs carnées. Az. *Nudiflora carnea.*
3. ————— à fleurs écarlates. A. *Coccinea.*
4. ————— rubiconde. A. *Rutilans.* A. *Rubiconda.* Fleur carnée.
5. — visqueuse. *Azalœa viscosa.* Fleur blanche odorante.
6. ————— multiflore. A. *Floribunda.* Fl. blanche. Va.
7. ————— glauque. *Glauca.* Fleur blanche odorante. Va.
8. — pourpre. *Azalœa purpurœa.*
9. — pontique. A. *Pontica.* Fleur d'un beau jaune.

1. AZEDARACH biponné. *Melia Azedarach.* Fleur d'un blanc bleuâtre. Oran.

2. AZEDARACH toujours vert. Lilas des Indes. *Melia Sempervirens*. Oran.

1. BACCHANTE à feuilles d'halimus, Seneçon en arbre. *Baccharis halimifolia*. P. T.

1. BADIANE, Anis étoilé de la Chine. *Illicium anisatum*. Oran.
2. — de la Floride. *Il. Floridanum*. Oran.

1. BAGUENAUDIER ordinaire, faux senné. *Colutea arborescens*. Fl. jaune. P. T.
2. — du Levant. *C. Orientalis*. Fleur d'un rouge jaunâtre. P. T.
3. — d'Alep. *C. Alepica. C. Istria, C. Pocockii*. Fleur jaune. P. T.
4. — d'Ethiopie. *C. frutescens*. Fleur écarlate. Oran.

1. BALISIER d'Inde, Canne d'Inde. *Canna Indica*. Fleur rouge. Oran.
2. ——————— à fleur écarlate. *C. Coccinea*. V.
3. — glauque. *C. Glauca*. S. T.

1. BANKSIE à feuilles pinnées. *Banksia pinnata. Banksia grandis*. Oran.

2. BANKSIE tronquée. *B. Præmorsa*. Oran.
3. — dentée. *B. Dentata*. Oran.
4. — serraturée. *B. Serrata. B. Conchifera*. Oran.

1. BASILÆA. V. Eucomis.

1. BEGONE à feuilles luisantes. *Begonia obliqua, B. nitida, B. minor, B. purpurea*. Fleur rose pâle. S. C.
2. — acuminée. *B. acuminata, B. hirsuta*. Fleur blanche. S. C.

1. BENOITE aquatique. *Geum rivale*. Fleur jaunâtre. V. P. T.
2. — de montagne, *G. montanum*. Fleur jaune. *Idem.*
3. — de Virginie. *G. Virginianum*. V. P. T.

1. BERMUDIENNE à petites fleurs, Berm. graminée. *Sisyrinchium bermudiana, S. gramineum, S. anceps*. V. P. T.
2. — bicolore. *S. bermudianum, S. bermudiana major*. Fleur bleue tachetée de jaune. *Idem.*
3 — striée. *S. striatum, S. spicatum. S. reticulatum, morœa serrata*. Fleur jaune pâle. *Idem.*

1. BIGNONE catalpa. Catalpa. *Bignonia Catalpa*. Fleur blanche. P. T.
2. — Jasmin de Virginie. V. Tecoma.
3. — pandore. *B. pandorœa*. Fleurs d'un blanc terne, rayées de pourpre. Oran.

4. BIGNONE toujours verte. V. Jasminée.

1. BOLTONIA asteroïde. *Boltonia asteroïdes. Matricaria asteroïdes.* Fl. rougeâtre. V. P. T.

1. BONPLANDE à fleurs geminées. *Bonplandia Geminiflora.* Fl. d'un bleu-violet, filamens rougeâtres. S. T.

1. BRUNELLE à feuilles d'Issope. *Brunella Issopifolia.* Fleur bleue. V. P. T.
2. — à grandes fleurs. *B. grandiflora.* Fleur bleue. *Idem.*

1. BRUNIE à feuilles setacées. *Brunia Lanuginosa.* Fleurs blanches. S. T.
2. — radiée. *Brunia radiata. B. Glutinosa. Staavia radiata.* S. T.

1. BRUNSFELSIA d'Amérique. *Brunsfelsia Americana.* Fleur blanche. S. C.

1. BRUYÈRE multiflore. *Erica multiflora.* Fleur rouge. P. T.
2. — de la Méditerrande. *E. Mediterranea.* Fleur rouge. Oran.

3. BRUYÈRE caffre. *E. Caffra.* Fleur blanche odorante. Oran.
4. — tubuliflore. *E. Tubiflora.* Fleur rose. Oran.
5. — mammelonnée, *E. mammosa.* Fleur rose. Oran.
6. — à fleur écarlate. *E. coccinea. E. grandiflora.*
Oran.
7. — piniforme. *E. pinifolia. E. abietina.* Fl. blanche
rosée.
8. ——— piniforme bicolore, *E. pinifolia bicolor.* Fleur pourpre. Oran.
9. — remarquable. *E. conspicua.* Fleur jaune. Oran.
10. — à longues fleurs. *E. elegans. E. Mala Longi-
flora.* Fleur rouge-ponceau. Oran.
11. — carnée. *E. carnea.* P. T.
12. — hybride. *E. hybrida. E. calyciflora.* Fleur
rose. Oran.
13. — en arbre. *E. arborea.* Fleur blanche. Oran.
14. — ajustée. *E. concinna.* Fl. rose-pâle. Oran.
15. — à fleur, capitales. *E. capitata.* Fl. rose. P. T.
16. — cendrée. *E. cinerea.* Fleur rose. P. T.
17. — à fleurs seules. *E. simpliciflora.* Fleur rose.
Oran.
18. — à trois fleurs. *E. triflora.* Oran.
19. — agrégée. *E. aggregata.* Oran.
20. — verte. *E. viridis.* Oran.
21. — ignescente. *E. ignescens.* Fl. d'un rouge-orangé.
Oran.
22. — sanguine. *E. cruenta. E. mellifera.* Fleur rouge.
Oran.
23. — bicolore. *E. bicolor.* Fleur rouge et verte.
Oran.
24. — bacillaire. *E. baccans. E. bacciflora.* Fleur
rouge. Oran.
25. — curviflore. *E. curviflora. E. festuosa.* Fleur
jaune. Oran.
26. — ciliée. *E. ciliaris.* Fleur rose. Oran.
27. — glaciale. *E. Gelida. E. arenibica.* Fleur d'un
vert blanchâtre. Oran.
28. — Massoniène. *E. Massoniana. E. [illegible].*
Fleur blanche. Oran.
29. — à fleur de Pyrole. *E. Pyrolæflora.* Fl. blanche
rosée.
30. — chevelue. *E. comosa.* Fl. blanche. Oran.
31. — érigée. *E. assurgens.* Fleur d'un beau rouge-
orangé. Oran.

32. BRUYÈRE perlée. *E. margaritacea.* Fl. blanche,
    Oran.
33. — à fleur d'Arbousier. *E. arbutiflora.* Fl. blanche,
    Oran.
34. — rougissante. *E. rubens.* Oran.
35. — à côtes. *E. costata.* Fl. jaune et rouge. Oran.
36. — quadrille. *E. quadriflora.* Oran.
37. — hispide. *E. hispida.* Fleur pourpre. Oran.
38. — batarde. *E. spuria.* Fl. rose. Oran.

1. BUDLEIA globuleux. *Budleia globosa.* Fl. jaune,
    Oran.
2. ———— à feuilles de saule. *B. salicifolia.*

1. BUGLE rampante. *Bugula reptans.* Fleur bleue,
    V. P. T.

1. BUGRANE frutescente, Ononis. *Ononis fruticosa.*
    Fl. rose. P. T.
2. ———— élevée. *O. altissima.* Fleur rose. V.
    P. T.

1. BUISSON ardent. *Voyez* Néflier.

1. BUIS commun, panaché en jaune. *Buxus semper-*
    virens.
2. ———— panaché en blanc.
3. ———— bordé de blanc.
4. — à feuilles de myrthe. *B. angustifolia.*
5. — à bordures ou nain. *B. suffruticosa.*

6. BUIS de Mahon. *B. balearica*
7. —————— variété à feuilles bordées, d'un beau
jaune.

.. BUPLÈVRE, Oreille de Lièvre. *Buplevrum fruti-
cosum*. Fl. jaune. P. T.

1. BUPHTHALME à grandes fleurs. *Buphthalmum
grandiflorum*. Fl. jaune. V. P. T.
2. — à feuilles de Saule. *B. salicifolium*. V. P. T.

1. CACALIA odorante. *Cacalia suaveolens*. Fl. blanche. V. P. T.
2. — à feuilles de laitron. *C. sonchifolia*. Fl. aurore.
annuel.

1. CACTIER cylindrique. *Cactus cylindricus*. S. T.
2. — cierge à grandes fleurs. *C. grandiflora*. Fl.
blanche. S. T.
3. — serpentaire. Queue de Rat. *C. flagelliformis*.
Fleur rouge. Oran.
4. — en raquette. *Opuntia*. Figuier d'Inde ; Nopal,
Semelle du Pape. *C. opuntia*. Fleur jaune.
Oran.
5. —————— à fleurs nombreuses. *C. Opuntia
polyanthos*. Fleur jaune. Oran.
6. — triangulaire. Cierge lézard. *C. triangularis*.
Oran.
7. — à quatre angles. *C. tetragonus*. Oran.
8. — à cinq angles. *C. pentagonus*. Oran.
9. — à mamelons. *C. mamillaris*. Fl. jaune. Oran.

1. CAIMITIER à feuilles larges. *Chrysophyllum cai-
nito*. S. C.

1. CALLE d'Ethiopie, Pied de Veau, Arum d'Ethiopie. *Calla Æthiopica*. Fleur blanche. Oran.

1. CAMECERISIER de Tartarie. *Xylosteon Tartaricum*, *Lonicera Tartarica*. Fl. roses. P. T.
2. — des haies. *X. dumetorum*. *L. xylosteon*. Fleurs
blanches. P. T.
3. — des Alpes. *X. Alpinum*. *L. alpigena*. Fl. purpurines, jaunes en-dedans. P. T.
4. — à fruits bleus. *X. cœruleum*. *L. cœrulea*. Fleurs
blanches. P. T.

1. CALYCANTHE de la Caroline, Pompadoura. Arbre aux anémones. *Calycanthus floridus*. P. T.
2. — fleurissant abondamment. *C. ferax*. P. T.
3. — nain, *C. nanus*. P. T.
4. — précoce, *C. præcox*. P. T.

1. CAMARA. *Voyez* Lantana.

1. CAMARINE à fruits noirs. *Empetrum nigrum*. P. T.

1. CAMELÉE à trois coques, Cneorum. *Cneorum
tricoccum*. Fleur jaune. Oran.

1. CAMELLIA du Japon, rose du Japon. Tsubaki. *Camellia Japonica*. Fleur rouge vif. Oran.
2. —————— à fleurs semi-doubles rouges.
3. —————— à fleurs doubles rouges.
4. —————— à fleurs doubles blanches.

1. CAMPANULE pyramidale des Jardins. *Campanula pyramidalis*. V. P. T. Fleur bleue.
2. — dorée. *C. aurea*. Oran.
3. — gantelée, gant de Notre-Dame. *C. trachelium*. Fleur bleue. V. P. T.
4. —————— à fleur blanche.
5. — à larges feuilles. *C. latifolia*. Fl. bleue. V. P. T.
6. —————— à fleur rosée.
7. —————— à fleur blanche.
8. — à grosses fleurs. *C. medium*. Fleur bleue. P. T. bisannuelle.
9. —————— à fleurs blanches.
10. — à feuilles de pêcher. *C. persicifolia*, à fleurs blanches simples. V. P. T.
11. —————— à fleurs blanches doubles.
12. —————— à fleurs bleues doubles.
13. — à feuilles rondes. *C. rotundifolia*. Fleur bleue. V. P. T.
14. — à fleur de raiponce. *C. rapunculoides*. V. P. T.

1. CANARINE campanulée. *Canarina campanula*. Fl. purpurine. S. T.

1. CAPRIER commun. *Capparis spinosa*. Fl. blanche. P. T.

1. CAPUCINE double. *Tropœolum multiplex*. S. C.

1. CARAGAN. *Voyez* Robinier.

1. CARISSA à deux épines. *Carissa hispinosa.* Oran.

1. CARMENTINE en arbre, noyer des Indes ou de Ceylan, Adhatoda. *Justicia adhatoda.* Fleur blanche. Oran.
2. — scarlatine ou écariate. *J. coccinea.* S. C.
3. — à feuilles d'hysope. *J. hissopifolia.* Fleur blan- che. Oran.
4. — quadrifide. *J. quadrifida.* Fleur rouge. S. C.
5. — à fleurs pourpres. *J. Phœnicea.* S. C.

1. CAROUBIER à siliques. Pain de Saint - Jean. *Ceratonia siliqua.* Fleurs pourpres. Oran.

1. CARTHAME maculé, chardon marie. *Carthamus maculatus. Carduus marianus.* P. T.

1. CASSE de Buenos-Ayres. *Cassia falcata.* Fleur jaune. Oran.
2. — cotonneuse. *C. tomentosa.* Fl. jaune. Oran.
3. — du Maryland. *C. Marylandica.* Fleur jaune. V. P. T.
4. — à grandes fleurs ou à corymbes. *C. corymbosa.* Fleur jaune. S. C.
5. — à deux fleurs. *C. biflora.* Fl. jaune. S. C.

1. CASSINE à feuilles convexes. *Cassine maurocenia.*
Fleur blanche. Oran.

1. CASUARINA. *Voyez* Filao.

1. CÉANOTHE d'Afrique. *Ceanothus Africanus.* Fl.
blanche. Oran.
2. — d'Amérique. *C. Americanus.* Fleur blanche.
P. T.

1. CÈDRE du Liban. *Voyez* Mélèze.
2. — de Virginie. *Voyez* Genévrier.

1. CÉLASTRE grimpant, bourreau des arbres. *Ce-
lastrus scandens.* Fleur blanche. P. T.
2. — à feuilles de buis. *C. buxifolius.* Fleur blanche.
Oran.
3. — paniculé. *C. pyracanthus.* Fl. blanche. Oran.

1. CENTAURÉE de montagne, Barbeau vivace. *Cen-
taurea montana.* Fleur bleue. V. P. T.

1. CEPHALANTHE d'Amérique, bois bouton. *Ce-
phalanthus Occidentalis.* Fl. blanche. P. T.

1. CERAISTE cotonneux, argentine, oreille de sou-
ris. *Cerastium tomentosum.* Fleur blanche. V.
P. T.

1. CERISIER à fleurs doubles. *Cerasus flore pleno,*
2. — de la Toussaint. *C. semperflorens,*
3. — Merisier à fleurs doubles. *C. sylvestris flore pleno.*
4. — Merisier à grappes, Paciet. *C. padus.*
5. — odorant, arbre ou bois de Sainte-Lucie, Mahaleb. *C. Mahaleb.*
6. — précoce nain. *C. nana.*
7. — du Canada, Ragoumirier. *C. pumila,*
8. — faux Cerisier. *C. chamœcerasus.*
9. — Laurier de Portugal, Azarero. *C. lusitanica.*
10. — Laurier-Cerise, Laurier-Amandier. *C. Laurocerasus.*
11. —————— à feuilles panachées de blanc.
12. — de la Caroline. *C. Caroliniana.* Fleur blanche, Oran.
13. — à feuilles luisantes. *C. Catesbœi.* Fl. blanche, Oran.
14. — d'Amérique. *C. Americana, an Lanceolata.* Fleur blanche.
15. — à feuilles de Nicotiane, *C. Nicotianœfolia,*

1. CESTREAU, Galant de jour. *Cestrum diurnum,* Fl. blanche odorante. Oran.
2. — à feuilles de laurier, *C. laurifolium.* Fl. jaune-pâle. Oran.
3. — à bayes noires. *C. Parqui.* Fleur jaune soufre, Oran.
4. — à oreillettes. *C. auriculatum. C. hediunda.* Fl. jaune soufre. Oran.
5. — galant de Nuit. *C. nocturnum.* Fleur blanche, Oran.
6. — à larges feuilles. *C. macrophyllum.* Fleur jaune-pâle.

1. CHALEF à feuilles étroites. Olivier de Bohême. *Eleagnus angustifolia,* Fl. jaune, P. T.

1. CHARME commun. *Carpinus betulus.*

1. CHÊNE saule. *Quercus phellos.* P. T.
2. — vert, à feuilles de houx. *Q. ilex.* P. T.
3. ———— à feuilles larges. *Q. smilax.* P. T.
4. ———— Liége. *Q. suber.* P. T.
5. ———— kermès à petits glands. *Q. coccifera.*
    P. T.

1. CHÈVREFEUILLE des jardins, chèvrefeuille or-
    dinaire. *Caprifolium hortense. Lonicera Ca-*
    prifolium. Fleur blanche en-dedans, rouge en-
    dehors.
2. ———————— Romain. C. d'Italie. Fl. rouge.
    Va.
3. — des haies, des bois. *C. peryclymenum.* Fleur
    d'un blanc jaunâtre.
4. ———————— à feuilles de chêne. *C. querci-*
    folium. L. quercifolium.
5. — toujours vert. *C. Americanum. Lonicera grata.*
    Fleurs rouges en-dehors, jaunes en-dedans.
6. — de Virginie. C. Corail. *C. sempervirens. Loni-*
    cera sempervirens.

1. CHICOT du Canada. *Gymnocladus Canadensis.*
    Guilandina dioïca. Fl. blanche. P. T.

1. CHIONANTHE de Virginie, Arbre de Neige. Snow-
Drop des Anglais. *Chionanthus Virginica.* Fl.
d'un blanc pur. P. T.
2. ———————————— à feuilles lancéolées, plus
étroites. Cette variété fleu-
rit davantage.

1. CHIRONIE velue. *Chironia frutescens.* Fl. roses.
Oran.
2. ———————————— à fleurs blanches rosées. Vu.
3. — à feuilles de lin. *Ch. linoides.* Fl. rosées. Caen.
4. — à feuilles en croix. *C. decussata.* Fleurs roses.
Oran.

1. CHRYSANTHEME rude. *Chrysanthemum floscu-*
losum. Cotula grandis, Balsamita agerati-
folia. Fleurs jaunes. V. P. T.
2. — à feuilles de tanaisie. *C. tanacetifolium.* V.
P. T.
3. — des Indes. *Voyez* Anthemis.
4. — tardif. *C. serotinum.* Fleur blanche. V. P. T.

1. CHRYSOCOME à feuilles de lin. *Chrysocoma ly-*
nosiris. Fleur jaune. V. P. T.
2.ᵉ — Dracunculoïde. *C. Dracunculoides.* Fleur jaune.
V. P. T.
3. — dorée. *C. Coma aurea.* Fleur jaune doré. Oran.
4. — élevée. *Voyez* Sarrète.
5. — à feuilles de gramen. *C. graminifolia.* Fleur
jaune. V. P. T.

1. CINÉRAIRE maritime. Jacobée maritime. *Cineraria maritima.* V. P. T.
2. — à fleurs bleues. *C. amelloïdes.* Oran.
3. — à feuilles pourpre. *C. Cruenta.* Fleurs pourpres. Oran.
4. — à feuilles de peuplier. *C. populifolia. C. appendiculata.* Fleur blanche. Oran.
5. — laineuse. *C. lanata.* Fleurs violettes. Oran.
6. — auriculée. *C. aurita.* Fleur blanche, grande à disque rose pourpré.

1. CISTE à feuilles de peuplier. *Cistus populifolius.* Fleur blanche. Oran.
2. — ladanifère. *C. ladaniferus.* Fleur blanche. Oran.
3. — pourpre. *C. purpureus.* Oran.
4. — à feuilles de consoude. *C. symphitifolius.* Fleur rose pâle. Oran.
5. — blanchâtre. *C. albidus.* Fl. lilas. Oran.
6. — cotonneux. *C. incanus.* Idem.
7. — velu. *C. villosus.* Fl. rouge. Oran.
8. — à feuilles de laurier. *C. laurifolius.* Fl. blanches. Oran.
9. — de Montpellier. *C. Monspeliensis.* Fl. blanches. Oran.
10. — de Chypre. *C. Cyprius.* Fl. blanche. Oran.

1. CLAVALIER à feuilles de frêne. Frêne épineux. Fagara. *Zanthoxylum fraxinifolium. Z. fraxineum. Z. americanum. Z. ramiflorum.* P. T

1. CLÉMATITE à fleurs bleues. *Clematis viticella.* P. T.

2. CLÉMATITE à fleur rouge violet.
3. ——————— à fleurs doubles bleues.
4. — odorante, C. *flammula*, Fleur blanche. P. T.
5. — orientale. C. *orientalis*. Fleur jaune. P. T.
6. — crépue. C. *crispa*. Fl. blanches. P. T.
7. — à feuilles simples. C. *integrifolia*. Fleur bleue. P. T.
8. — droite ou des parterres. C. *recta*. Fleur blanche.
9. — à grandes fleurs. *Voyez* Atragene.

1. CLERODENDRUM odorant. *Voyez* Volkamer.

1. CLETHRA à feuilles d'Aulnes ou Glabre. *Clethra alnifolia*. Fl. blanche.
2. — pubescent. *C. pubescens. C. tomentosa*. Fl. *idem*. P. T.
3. — en arbre. *C. arborea*. Fleur *idem*. Oran,

1. CLYPEOLE à odeur d'ail. *Clypeola alliacea*. Fleur blanche. V. P. T.

1. COBEA grimpante. *Cobea scandens*. Fleurs d'un beau violet. Oran,

1. COIGNASSIER de Portugal. *Cidonia lusitanica*. P. T.

1. COLCHIQUE à fleurs doubles. Tue-Chien. *Colchicum autumnale*. Fl. lilas. P. T.
2. — panaché. *C. variegatum*.

1. COMMELINE commune. *Commelina communis*. Fleur d'un beau bleu. Annuelle.

1. CONYZE glutineuse. *Conyza glutinosa*. Fl. jaune. Oran.

1. CORÈTE du Japon. *Corchorus Japonicus*. Fleurs jaunes doubles. Oran.

1. CORIOPE ou Coreopsis auriculée. *Coreopsis auriculata*. Fleur jaune à disque aussi jaune. V. P. T.
2. — verticillée. *C. verticillata*. Fleur jaune à disque brun. V. P. T.
3. — à petites feuilles. *C. tenuifolia*. Fleurs jaunes à disque jaune. V. P. T.
4. — triptère. *C. tripteris*. Fleurs jaunes à disque brun. V. P. T.

1. COQUELICOT. *Voyez* Pavot.

1. COQUELOURDE des jardins. Passefleurs. OEillet
de Dieu. *Agrostemma coronaria*. Fl. rouges.
V. P. T.
2. ———————————————— à fleurs doubles.

1. CORNOUILLER sanguin. Cornouiller commun.
Cornus sanguinea. Fleurs blanches. Fruits
rouges. P. T.
2. ———————————————— variété à feuilles panachées.
3. — blanc. *C. alba*. Fleurs blanches, fruits blancs.
Bois rouge. P. T.
4. — mâle. *C. mascula*. Fleurs jaunes , fruits
rouges. P. T.
5. — à grappes ou paniculé. *C. racemosa. C. citro-
folia. C. paniculata*. Fleurs blanches , fruits
d'un bleu pâle. P. T.
6. — à fruits bleus. *C. cœrulea. C. feruginea. C.
sericea. C. amomum*. Fleurs blanches, fruits
d'un bleu céleste. P. T.
7. — ridé. *C. rugosa. C. virginiana. C. circinalis*.
Fleurs blanches. P. T.
8. — à feuilles alternes. *C. alternifolia*. Fleurs blanches , fruits violets. P. T.
9. — à fleurs. *C. florida*. Fleurs jaunes. Collerette
rougeâtre. Baies rouges.

1. CORONILLE des jardins. *Coronilla emerus*.
Fleur jaune. P. T.
2. — glauque. *Coronilla glauca*. Fleur jaune. Oran.
3. — stipulaire. *C. stipularis. C. argentea. C. valen-
tina*. Oran.
4. — variée. *C. varia*. V. P. T.

1. CORRÉE à fleurs blanches. *Correa alba*. Oran.

1. **COTYLET** orbiculé. *Cotyledon orbiculata.* Fleurs
rouges. S. T.

1. **COUDRIER**. Noisetier aveline. *Corylus avellana.*
Fruit petit et blanc.
2. ——————————— variété à fruit oblong et
rouge. *C. rubra. An C.
tubulosa.*
3. ——————————— à fruit rond très-
gros. *C. grandis.
C. maxima.* Ave-
line vulgaire.
4. — de Constantinople. *C. colurna. C. bisantina.*
Fruits très-gros.

1. **CRASSULE** écarlate. *Crassula coccinea. Rochea
coccinea.* Fleur d'un rouge écarlate. S. T.
2. — à fleurs blanches. *C. Lactea.* S. T.

1. **CRESSON** des prés à fleurs doubles. *Cardamine
pratensis.* Fleur blanche. V. P. T.

1. **CRINOLE** d'Amérique. *Crinum Americanum.* Fl.
blanche. S. C.

(31)

1. CROTALAIRE en arbre. *Crotalaria arborescens,
C. incanescens.* Fleur d'un jaune éclatant. S. T.

1. CUPIDONE à fleurs bleues. *Catananche cœrulœa.*
V. P. T.

1. CYCLAME d'Europe. *Cyclamen Europœum.* Fl.
purpurine. V. P. T.
2. ————————————— à fleurs blanches.
3. — de Perse. *C. persicum.* Fleurs entièrement
blanches, en février. Oran.
4. ————————————— à fleurs blanches et centre rose.
5. — à feuilles de lierre, *C. hederefolium.* Fleurs
blanches, le centre pourpre, en avril. Oran.
6. — à feuilles rondes. C. de Cos. *C. coum.* Fleurs
rouges. Oran.

1. CYNANQUE droite. *Cynanchum erectum.* Fleurs
blanches, V. P. T.

1. CYNOGLOSSE printannière. Omphalodès. *Cyno-
glossum Omphalodes.* V. P. T.

1. CYPRÈS commun. C. Pyramidal. *Cupressus pyramidale.* P. T.
2. — à branches étalées. *C. expansa.* Va.
3. — à feuilles d'acacia. C. Chauve. C. de la Louisiane. *C. disticha.* P. T.
4. — faux Thuya. *Thuyoïdes.* P. T.

1. CYTISE des Alpes. Aubours. Faux Ebénier. *Cytisus laburnum.* P. T.
2. —————————— à feuilles larges. Ebénier odorant. *C. laburnum latifolium,*
3. — des jardins. *C. sessilifolius.* Fleurs jaunes. P. T.
4. — velu. *C. hirsutus.* Fl. jaune. P. T.
5. — pourpré. *C. purpureus.* Fleurs rouges. P. T.
6. — argenté. *C. argenteus.* Fleurs jaunes. Oran.
7. — à épis. *C. nigricans.* Fleurs jaunes, odorantes. P. T.

1. DAHLIA rose. *Dahlia rosea.* Fleurs simples, Oran.
2. —————————— à fleurs doubles.
3. — jaune. *D. lutea.*
4. — écarlate. *D. coccinea.*
5. — violacé. *D. violacea.*
6. —————————— à fleurs doubles.
7. — pourpre à fleurs doubles. *D. purpurea.*

1. DAUPHINELLE des jardins. Pied d'Alouette. *Delphinium ajacis.* Annuelle.
2. —————————— à fleurs doubles, de toutes les nuances.
3. —————————— naine à fleurs *idem.*
4. — à grandes fleurs. *D. grandiflorum.* Fleurs d'un bleu d'azur. V. P. T.
5. —————————— à fleurs doubles.
6. — dorée. *D. elatum.* Fleurs d'un bleu d'azur, pétale supérieur blanc. V. P. T.

1. DÉCUMAIRE grimpante. *Decumaria barbara.* Fl. blanches. P. T.

1. DENTELAIRE à fleurs roses. *Plumbago rosea.*
    S. C.
2. — de Ceylan. *P. Zeylanica.* Fleurs blanches.
    S. C.

1. DIERVILLE d'Acadie. *Diervilla Acadiensis. Lo-
    nicera Diervilla.* Fleurs jaunes. P. T.

1. DIGITALE férugineuse. *Digitalis ferruginosa.* Fl.
    cuivrée. V. P. T.
. — à fleurs rousses. *D. obscura.* Oran.
3. — des Canaries. *D. Canariensis.* Fleurs d'un jaune
    rougeâtre. Oran.
4. — pourprée. *D. purpurea.* V. P. T.
5. — jaune. *D. lutea.* V. P. T.

1. DILLENE grimpante. *Dillenia volubilis. D. Scan-
    dens. Hibbertia volubilis.* Fleur jaune. Oran.

1. DIOSME à feuilles de bruyère ou odorant. *Diosma
    Ericoides. D. rubrum.* Fl. blanches. Oran.
2. — à feuilles en cœur. *D. cordatum.* Fl. blanches.
    Oran.
3. — hérissé de poils. *D. hirsutum.* Fl. blanche. Oran.
4. — à fleurs en têtes. *D. capitatum.* Fl. blanches.
    Oran.

5. DIOSME velu, D. pourpré. *D. hirtum. D. purpureum.* Fleur rouge.
6. — à feuilles opposées. *D. oppositifolium.* Fleur blanche. Oran.
7. — ombellé. *D. umbellatum.* Fl. blanche. Oran.

1. DIRCA de marais. *Dirca palustris.* Fleurs blanches. P. T.

1. DODECATHEON de Virginie. Giroselle. *Dodecatheon meadia.* Fleur blanche rosée. V. P. T.

1. DODONEA visqueux. *Dodonea viscosa.* Fl. blanc-soufre. Oran.

1. DORONIC à feuilles en cœur. *Doronicum pardalianches.* Fleurs grandes, jaunes. V. P. T.
2. — à feuilles de plantain. *D. plantagineum.* Fleurs jaunes. *Idem.*

1. DRACOCEPHALE de Sibérie. *Dracocephalum Sibiricum.* Fleur bleue. V. P. T.
2. — de Virginie. *D. Virginianum.* Fleur blanche rosée. V. P. T.
3. — à feuilles d'hysope. *D. ruyschiana.* Fl. bleue. *Idem.*

1. DRAGONIER à feuilles d'yucca. *Dracœna draco*, *Palmadraco*. **S. C.**
2. — bordé. *D. marginata*. **S. C.**
3. — de la Chine. *D. terminalis*. *Aletris Chinensis*. *D. ferrea*. **S. C.**

1. DURANTE à feuilles ovales. *Duranta Plumerii*. Fl. bleues, **S. T.**
2. — à petites feuilles. *D. mycrophylla*. Fleurs bleues *Idem*.

1. ECHINOPS ou Boulette. *Echinops ritro*. Fleur azurée. **V. P. T.**

1. ELLEBORE noir ou à fleurs roses. Rose de Noël. *Helleborus niger*. **V. P. T.**
2. — d'hiver. Elléborine. *H. hyemalis*. Fleur jaune. *Idem*.
3. — de Corse. *H. trifolius*. Fleurs verdâtres. *Idem*.

1. EMPETRUM. *Voyez* Camarine.

1. ENOTHERE. *Voyez* Onagre.

1. EPERVIERE de Hongrie. E. orangée. *Hieracium aurantiacum*. Fleur orange, **V. P. T.**

2. EPERVIERE cerinthoïde. *H. cerinthoïdes*. Fleurs jaunes. *Idem.*

1. EPHÉMÈRE ou Éphémérine de Virginie. *Tradescantia Virginica*. Fleurs bleues.
2. ———————————————————— à fleurs pourpres.
3. ———————————————————— à fleurs blanches.

1. ÉPILOBE à épi. Laurier Saint-Antoine. Osier fleuri. *Epilobium spicatum*. Fleurs rouges. V. P. T.
2. — à feuilles très-étroites. *E. angustissimum. E. rosmarinifolium*. Fleurs roses. *Idem.*
3. — mollet. *E. molle. E. hirsutum. E. villosum. E. pubescens. E. parviflorum*. Fl. d'un rouge pâle. *Idem.*
4. ———————————— à feuilles panachées.

1. EPINE-VINETTE. *Voyez* Vinettier.

1. EPINE. *Voyez* Néflier.

1. ÉRABLE sycomore. *Acer pseudoplatanus.*
2. ———————————————— à feuilles panachées.
3. — plane. *A. platanoïdes.*
4. ———————— à feuilles laciniées. *A. laciniatum.*
5. — rouge. *A. rubrum.*
6. — à feuilles de frêne. *A. negundo.*
7. — de Tartarie. *A. Tartaricum.*
8. — jaspé. *A. canadense. A. pensylvanicum. A. striatum.*

9. ERABLE hybride. *A. hybridum.*
10. — de Pensylvanie. *A. Pensylvanicum. A. monta-
    num. A. spicatum. A. parviflorum.*
11. — des bois. *A. Campestre.*
12. ——————— à feuilles panachées.
13. — à sucre. *A. saccharinum.*

1. ERINUS des Alpes. *Erinus Alpinus.* V. P. T.

1. EUCALYPTUS résinifère. *Eucalyptus resinifera.*
   Oran.
2. — oblique. *E. obliqua. Idem.*
3. — à feuilles de saule. *E. saligna. E. salicifolia.*
   Idem.
4. — gigantesque. *E. robusta.*

1. EUCOMIS à épi couronné. *Eucomis regia. Basilea
   coronata. Fritillaria regia.* Fl. verdâtre. Oran.
2. — ponctuée. *E. ponctata. Basilea ponctata.* Fl.
   d'un blanc verdâtre. Oran.

1. EUGENIA. *Voyez* Jambosier.

1. EUPATOIRE agératoïde. *Eupatorium ageratoides.*
   Fl. blanches. V. P. T.
2. — violet. *E. violaceum.* V. P. T.
3. — à feuilles de chanvre. *E. cannabinum.* Fl. violet
   pâle. V. P. T.

1. FERRARE ondulée. *Ferraria undulata*. Fl. violette
   et blanche. Oran.

1. FEVIER à trois épines. Acacia triacanthos, *Gleditsia
   triacanthos*. P. T.
2. ——————————— sans épines. *G. inermis*. Va.
3. — de la Chine. *G. sinensis. G. horrida*. P. T.
4. — monosperme. *G. monosperma. G. Carolinien-
   sis*. P. T.

1. FICOIDE cristallin. Glaciale. *Mesembryanthemum
   crystallinum*. Fl. blanche. Annuel.
2. — barbu. *M. barbatum*. Fl. d'un pourpre violet.
   Oran.
3. — dolabriforme. *M. dolabriforme*. Fleur jaune.
   Oran.
4. — corniculé. *M. corniculatum*. Fl. jaune. Oran.
5. — à feuilles en sabre. *M. acinaciforme*. Fl. très-
   grandes, d'un pourpre foncé. Oran.
6. — à petites feuilles ou glomerulé. *M. violaceum*.
   Oran.
7. — écarlate. *M. coccineum*. Fl. d'un rouge orangé,
   brillant. Oran.
8. — bicolor. *M. purpureum. M. bicolorum*. Fl. d'un
   jaune doré ou safran, rougeâtre à l'extérieur.
   Oran.
9. — brillant. *M. formosum. M. micans*. Fl. d'un
   jaune rouge safran. Oran.
10. — remarquable. *M. spectabile*. Fl. grandes, d'un
   pourpre vif et brillant. Oran.
11. — doré. *M. aureum*. Fl. d'un beau jaune, les pistils
   d'un pourpre brillant. Oran.
12. — élégant. *M. formosissimum*. Fleurs très-grandes,
   Citron. S. T.
13. — à feuilles en cœur. *M. cordifolium*. Fl. d'un
   pourpre vif. Oran.

1. FIGUIER commun à fruits blancs. *Ficus carica.*
2. ————————— à fruit violet. Va.
3. — du Bengale. *F. Bengalensis.* S. T.
4. — benjamin. *F. benjamina.* S. T.
5. — de la baie de Botanique. *F.* ferrugineux. *F. novæ wallíæ. F. Botany-Bay. F. rubiginosa. F. australis.* Oran.
6. — à grappes. *F. racemosa.* S. T.
7. — à feuilles de laurier. *F. laurifolia.* S. C.
8. — des pagodes. *F. religiosa.* S. C.

1. FILAO à feuilles de prêle. *Casuarina equisetifolia.* Fleurs jaunâtres. Oran.

1. FILARIA à feuilles étroites. *Phyllirea angustifolia.* P. T.
2. — à larges feuilles. *P. latifolia.* P. T.

1. FILIPENDULE. *Voyez* Spyræa.

1. FONTANESIA à feuilles de Filaria. *Fontanesia phillyreoides.* Fl. blanches, rosées. P. T.

1. FOTHERGIL à feuilles d'aune. *Fothergilla alnifolia.* Fl. blanche, odorante. P. T.

1. FRAGON piquant, Petit Houx, Houx frélon. *Ruscus aculeatus.* Fruits rouges.
2. — à feuilles nues. Laurier Alexandrin. *R. hypo-phyllum.*
3. — à grappes. *R. racemosus.*

1. FRAISIER des bois. *Fragaria vesca.*
2. ————————————— à feuilles panachées.
3. ————————————— à fleurs doubles.
4. — des Alpes ou perpétuel. *F. semperflorens.*
5. — fressant, F. cultivé. *F. hortensis.*
6. — buisson. F. qui ne trace pas. *F. efflagellis.*

1. FRAMBROISIER. *Voyez* Ronce.

1. FRAXINELLE - DICTAME blanc. *Dictamnus albus.* Fl. pourpre-clair, rayé de violet.
2. ————————————————— à fleurs blanches.

1. FRÊNE commun. *Fraxinus excelsior.*
2. ————————— à une feuille. *F. monophylla.*
3. ————————— à bois jaspé. *F. jaspidea.*
4. ————————— à bois doré. *F. aurea.*
5. ————————— à feuilles panachées. *F. argentea.*
6. ————————— pleureur, ou parasol. *F. pendula.*
7. ————————— à fleurs. *F. ornus. F. florifera.*
8. ————————— à feuilles de lentique. *F. lentis-cifolia.*
9. ————————— à feuilles de sureau. *F. sambucifolia.*
10. ————————— nain, *F. nana.*

1. FRITILLAIRE. *Voyez*. Eucomis.

1. FRITILLAIRE méléagre , ou Fritillaire à damier. *Fritillaria meleagris.* Fleur pourpre et blanche. V. P. T.
2. — de Perse. *F. Persica.* Fl. violet foncé. V. P. T.

1. FUCHSIE écarlate. *Fuchsia coccinea.* Oran.

1. FUMETERRE bulbeuse. *Fumaria bulbosa.* Fleur rose. V. P. T.
2. — à grandes feuilles. *F. nobilis.* Fleur jaune-pâle. V. P. T.

1. FUSAIN commun, Bonnet de Prêtre. Bois à lardoire. *Evonymus Europœus.* Fleurs verdâtres , Fruits rouges.
2. ——————— à fruits blancs. Va.
3. — noir pourpré. *E. atro-purpureus.* P. T.
4. — galeux. *E. verrucosus.* Fl. pourpre brun. P. T.
5. — toujours vert. F. d'Amérique. *E. Americanus.* P. T.

1. GAINIER commun. Arbre de Judée. *Cercis siliquastrum.* Fl. rose. P. T.

2. GAINIER commun , à fleurs blanches.

1. GALANE barbue. *Chelone barbata.* Fleurs d'un
écarlate-rose. V. P. T.
2. — campanulée. *C. campanulata.* Fleurs rouges.
V. P. T.
3. — à panicule. *C. penstemon. Penstemon pubescens.* Fleurs purpurines, blanchâtres. V. P. T.
4. — blanche. *C. a. ba. C. glabra.* V. P. T.
5. — pourpre. *C. obliqua.* Fl. d'un beau pourpre-
rose. V. P. T.

1. GALANTINE d'hiver. *Galanthus nivalis.* Fl. blanche, rayée de vert. Viv. P. T.
2. —————————————— à fleurs doubles.

1. GALÉ piment royal. *Myrica Gale.* P. T.
2. — cirier. Arbre à cire. *M. cerifera Pensylvanica.*
P. T.
3. — de la Louisiane et de la Caroline. *M. cerifera.*
Feuilles plus longues et plus étroites. Oran.
4. — à feuilles en cœur. *M. cordifolia.* Oran.
5. — à feuilles de chêne. *M. quercifolia.* Oran.

1. GALEGA commun. Rue de Chèvre. *Galega officinalis.* Fleur blanche.
2. —————————————— à fleur bleue.

1. GARDENIA à grandes fleurs. Jasmin du Cap.
   Gardenia florida. Fleurs blanches odorantes.
   S. T.
2. ———————— à fleurs doubles.
3. — verticillé. *G. verticillata.* Fleurs blanches odorantes. *Idem.*

1. GATILLIER commun. *Agnus castus. Vitex agnus
   castus.* P. T.

1. GAULTHÉRIE du Canada. *Gaultheria procum-
   bens.* Fleur d'un rouge vif. V. P. T.

1. GENET d'Espagne. *Genista juncea. Spartium
   junceum.* Fleurs jaunes, odorantes. P. T.
2. ———————— à fleurs doubles, inodores.
3. — multiflore. *G. alba. G. multiflora. Spartium
   multiflorum.* Fl. blanches. Oran.
4. — blanchâtre. *G. candicans.* Fleur jaune. Oran.
5. — de Sibérie. *G. tinctoria Sibirica.* Fleur jaune.
   P. T.
6. — Anglican. *G. Anglica.* Fl. jaune. P. T.
7. — monosperme. *G. monosperma.* Fl. blanches,
   odorantes. Oran.

1. GENÉVRIER commun. *Juniperus communis.* P. T.
2. — sabine, à feuilles de cyprès. *J. sabina. J. cupres-
   sifolia.*
3. — ———————— à feuilles de tamaris. *J. tamarisci-
   folia.*
4. ———————————————— panaché en jaune.

5. GENÉVRIER de Virginie. Cèdre de Virginie. *J. Virginiana.* P. T.
6. — des Bermudes. Cèdre des Bermudes. *J. Bermudiana.* Oran.

1. GENTIANE petite. *Gentiana acaulis.* Fl. bleue. V. P. T.
2. — à fleurs jaunes. *G. lutea.* V. P. T.

1. GERANIUM à grosses racines. *Geranium macrorhizum.* Fl. rouge. V. P. T.
2. — des prés. *G. pratense.* Fl. bleue. *Idem.*
3. ——————— à fleurs blanches.
4. ——————— à fleurs bleues, panachées de blanc.
5. — à fleurs noirâtres. *G. nigrum. G. fuscum. Idem.*
6. — à bandes. G. ordinaire. *G. zonale.* Fleur rouge foncé. Oran.
7. ——————— à fleur rouge-cerise.
8. ——————— à fleur gris de lin.
9. ——————— panaché de blanc. Fl. rouge.
10. ——————————— Fl. gris de lin.
11. — écarlate, à feuilles de mauve. *G. inquinans.*
12. ——————— à fleurs d'un écarlate très-vif.
13. ——————— à fleurs roses.
14. — hybride écarlate. *G. hibridum.*
15. ——————— à fleurs plus grandes et moins vives.
16. ——————— à fleurs roses.
17. ——————— gris de lin.
18. ——————— blanc.
19. — capuchonné. *G. cucullatum.* Fleurs pourpres. Oran.
20. — à feuilles de vigne. *G. vitifolium. Idem.*
21. — à quatre angles. *G. tetragonum.* Fleur blanche, marquée de brun. *Idem.*
22. — radula majeur. *G. radula major.*
23. ——————— moyen. *G. rad. minor.*
24. — lancéolé. *G. lanceolatum.* Fl. blanche, marquée de brun. (*G. glaucum.*)

25. GERANIUM à odeur de rose, G. *capitatum*.
26. ———————————— variété.
27. — à odeur de citron. G. *citriodora*.
28. — visqueux. G. *viscosum*. Fleur pourpre rose.
29. — très-odorant. G. *odoratissimum*.
30. — triste. G. *triste*. Fleur pourpre et verte.
31. — à feuilles de pourpier. G. *acetosum*. G. *crassi-folium*. Fl. blanche, rosée.
32. — brillant. G. *fulgidum*. Fl. écarlates.
33. — à feuilles en cœur. G. *cordifolium*. Fl. pourpre rose, marquées de brun.
34. — parfumé. G. *fragrans*. G. *brionifolium*. Fleurs blanches.
35. — élégant. G. *formosum*. Fl. blanche, marquée de brun.
36. ———————————— G. *formosum grandiflorum*. Grandes fleurs blanches.
37. — goutteux. G. *gibbosum*.
38. — épineux. G. *echinatum*. Fl. blanche marquée de brun.
39. — à feuilles de lierre. G. *peltatum*. Fl. blanches, marquées de brun.
40. — lobé. G. *lobatum*.
41. — tricolor. G. *tricolore*.
42. — à grandes fleurs. **G. *grandiflorum*.** Fleurs blanches.
43. — à feuilles de mahernia. G. *mahernifolium*.
44. — tubereux. G. *tuberosum*. Fl. pourpres. V. P. T.
45. — sanguin. G. *sanguineum*. Fleurs rouges. V. P. T.
46. — non-stipulé. G. *exstipulaceum*. Fleur blanche. Oran.
47. — à éternuer. G. *sternutum*.
48. — à feuilles de bouleau. G. *betulinum*. Fleurs blanches pourprées.
49. ———————————— variété à feuilles plus grandes. G. *betulinum pusillum*.
50. — à feuilles de coriandre. G. *coriandrifolium*.
51. — à feuilles de groseiller. G. *ribifolium*. Fleur rouge.
52. — à étamines variables. G. *heterogamum*. Fleur blanche.
53. — à bardes à fleurs roses. Plus grand dans toutes ses parties. G. *zonale*.

1. GERMANDRÉE d'Espagne. *Teucrium fruticans*, Fleurs grandes, d'un bleu-violet, pâle. Oran.
2. — maritime. *T. marum*. Feuilles petites, très-odorantes. Fleurs purpurines. Oran.
3. — petit chêne. *T. chamædris*.

1. GERMAINE à feuilles d'ortie. *Germanoa urticæfolia*. Fleur bleu clair. S. T.

1. GESSE. *Voyez* Pois.

1. GEUM. *Voyez* Bénoîte.

1. GINKGO à deux lobes. Arbre de Gordon. A. aux quarante Ecus. *Salisburia adiantifolia*. Fleur jaune. P. T.

1. GIROFLÉE jaune. Ravenelle double. *Cheiranthus cheiri*.
2. ———————— à feuilles panachées.
3. — des jardins. Giroflée ordinaire. *C. annuus*.
4. — changeante ou variable. *C. mutabilis*. Fl. da rose au jaune. Oran.

2. GLAUCIÈNE à fleurs jaunes. Pavot cornu. *Glau-cium luteum. Chelidonium glaucium.* V. P. T.

1. GLAYEUL commun. *Gladiolus communis.* Fleur rouge. P. T.
2. ——————— écarlate. G. *coccineus.* Va.
5. — du Cap. G. *bizans.* Fleur rouge. P. T.
4. — cardinal ou écarlate. G. *cardinalis.* Fl. d'un bel écarlate. Oran.
5. — bigarré. G. *tristis.* Fleur d'un blanc-soufre. Oran.
6. — en pointe. G. *cuspidatus.* G. *bimaculatus.* Fleur couleur de chair. Oran.
7. — de merian. G. *merianus.* *Antholyza meriana.* Fl. d'un rouge faux. Oran.

1. GLOBBÉE pendante. *Globba nutans. Renealmia nutans.* Fleurs roses et blanches. S. C.

1. GLOBULAIRE en arbre. *Globularia arborea.* Fleur bleue. Oran.

1. GLYCINE tubéreuse. *Glycine apios.* Fl. rouge. P. T.

1. GNAPHALE de Virginie. Immortelle blanche. *Gnaphalium margaritaceum.* V. P. T.
2. — orientale. Immortelle jaune. G. *orientale.* Oran.
5. — arborée. G. *arboreum.* Fleur jaune. Oran.

1. CNIDIENNE à feuilles de lin. *Gnidia simplex.*
Fleurs jaunes, odorantes. Oran.

1. GORTERIE à grandes fleurs. *Gorteria rigens.* Fl.
jaunes. Oran.

1. GOYAVIER de montagne. *Psidium montanum.*
Fleurs blanches. S. T.

1. GRAMEN panaché. V. P. T.

1. GRENADIER à fruits. *Punica granatum.* Oran.
2. — à fleurs doubles. Va.
3. — à fleurs blanches simples. Va.
4. — à fleurs jaunes simples. Va.
5. — nain des Antilles. *P. nana.*
6. — demi-nain.
7. — prolifère.

1. GRENADILLE bleue. Fleur de la Passion. *Passi-
flora cœrulea.* P. T.

1. GREUVIER occidental. *Grewia occidentalis.* Fl.
bleues. Oran.

2. CREUVIER d'Orient. *G. Orientalis. G. pilosa.*
Fl. d'un blanc jaunâtre. Oran.

1. HALESIE à quatre ailes. *Halesia tetraptera.* Fl.
blanche. P. T.
2. — à deux ailes. *H. luisante. H. lucida. H. diptera.*
Fleurs idem.

1. HÉLIANTHE multiflore. Soleil vivace des Jardiniers, à fleurs doubles. *Helianthus multiflorus.*
P. T.
2. — effilé. *H. virgatus.* Fleur d'un jaune-clair. *Idem.*
H. giganteus. H. altissimus. H. excelsus.
3. — tubereux, topinambour. *H. tuberosus. Idem.*
4. — à grandes fleurs, Soleil, Tournesol. *H. annuus.*
Fleurs doubles.
5. — à tiges pourpres. *H. atrovirens.* Fleurs jaunes.
V. P. T.

1. HÉLIANTHÈME à fleurs blanches. *Helianthemum*
vulgare. V. P. T.
2. ———————————————————— à fleurs roses.
3. ———————————————————— à fleurs jaunes.

1. HÉLÉNIE d'Automne. *Helenium autumnale.* Fl.
jaune. V. P. T.

1. HÉLIOTROPE du Pérou. *Heliotropium Peruvia-*
num. S. C.

1. HEMANTHE écarlate. Tulipe du Cap de Bonne-Espérance. *Hemanthus coccineus*. Oran.
2. — pourpre ou à feuilles ondulées. *H. puniceus.*

1. HEMEROCALE jaune. Lis jaune. Lis asphodèle des Jardins. *Hemerocallis flava.* P. T.
2. — fauve. H. *fulva.* P. T.
3. ———————— à feuilles panachées en blanc.
4. — du Japon ou à feuilles de plantin. *H. planta-ginea.* Fl. blanche, très-odorante. Oran. même P. T.
5. — bleue. *H. cærulea. Idem , idem.*

1. HÉMITHOME écarlate. *Hemithomus coccineus, H. Fruticosus. Hemimeris coccinea. Celsia Linearis.* Fleurs d'un bel écarlate. S. T.
2. — à feuilles d'ortie ou hémiméride. *Hemimeris ur-ticifolia. Celsia urticifolia.* Fleurs écarlates. Oran.

1. HÉPATIQUE. *Voyez* Anémone.

1. HÊTRE commun. *Fagus sylvatica.*
2. ———————— à feuilles pourpres. *F. purpurea.*
3. ———————— à feuilles d'un vert bronze. *F. ænea.*
4. ———————— à feuilles incisées en forme de crête. *F. cristata.*

5. HÊTRE commun à feuilles de ceterach. *F. asple-*
nifolia.
6. ——————— à feuilles panachées. *F. variegata.*
7. ——————— à branches et rameaux pendans. *F.*
pendula.

1. HORTENSE du Japon. *Hortensia opuloïdes ,*
hydrangea hortensia. Hortensia rosea. Fleurs
roses.
2. ——————————————— à fleurs bleues. Va.

1. HOUSTONE écarlate. *Houstonia coccinea.* S. T.
2. — à fleurs blanc sale. Va.

1. HOUX commun. *Ilex aquifolium.*
2. ——————— à feuilles bordées de blanc.
3. ——————— à feuilles bordées de jaune.
4. ——————— à feuilles maculées de blanc.
5. ——————— à feuilles hérissonnées. *I. ferox.*
6. ——————— à feuilles hérissonnées, panaché
de blanc.
7. ——————— à feuilles hérissonnées , panaché
de jaune.
8. — de Minorque ou de Mahon. *I. balearica.*
9. — de Madère. *I. Perado. I. Maderiensis.*
10. — à feuilles de laurier. *I. cassine,* Oran.
11. ——————— à feuilles étroites. *I. cassine angus-*
tifolia.

1. HYDRANGÉE de Virginie. *Hydrangea arbores-*
cens. Fleurs blanches. P. T.

2. HYDRANGÉE à feuilles blanches. *H. nivea. H. radiata.* Fleurs blanches. P. T.

1. HYPERICUM. *Voyez* Millepertuis.

1. HYPOXIS velue. *H. villosa.* Fleur jaune. Oran.

1. HYPPOCREPIS des Isles Baléares. *Hippocrepis Balearica.* Fleur jaune. Oran.

1. HYPPOPHAE. *Voyez* Argoussier.

1. IBÉRIDE de Perse. *Iberis semperflorens.* Taraspic vulgaire. Fleurs blanches. Oran.
2. ——————————— variété, à feuilles panachées.
3. — toujours verte. *I. sempervirens.* Fl. blanches. P. T.
4. — de Crète. *I. umbellata.* Fl. violettes ou blanches. Annuelle.

1. IF commun. *Taxus baccata.* Fruits rouges. P. T.
2. — à feuilles longues. *Podocarpus elongata. T. elongata.* Oran.

1. INULE à deux feuilles. *Inula bifrons.* P. T.

1. IRIS de Florence. *Iris Florentina.* Fl. blanches. P. T.

2. — germanique. *I. Germanica.* Fl. d'un pourpre-violet. P. T.

3. ———————— à fleurs pâles. *I. pallida.* Va.

4. — jaune sale. *I. squalens. I. variegata.* P. T.

5. — variée. *I. versicolor.* Fleurs variées de jaune, de blanc, de rouge et veinées de violet. P. T.

6. — de Suse. *I. Susiana.* Fleurs d'un brun foncé, avec des veines pourpres. P. T.

7. — d'Hollande. *I. swertii.* Fleurs blanches, avec des petites rayes purpurines. P. T.

8. — fétide. Glayeul puant. *I. fœtida. Fœtidissima.* Fl. bleue. P. T.

9. — ———————— à feuilles panachées. Va.

10. — odorante. *I. odoratissima. I. flavissima.* Fl. bleues, très-odorantes. P. T.

11. — frangée. *I. fimbriata.* Fleur bleu pâle, très-odorante. Oran.

12. — des marais, Glayeul des marais. *I. pseudo-acorus.* Fl. jaune. P. T.

13. — spatulée. *I. spathula. I. spuria.* Fleurs bleues. P. T.

14. — de Sibérie. *I. Siberica. I. pratensis.* Fl. d'un beau bleu, veinées de violet, sur un fond blanc. P. T.

15. — graminée. *I. graminea.* Fleurs violettes, mêlées de bleu et de pourpre. P. T.

16. — naine. *I. pumila.* Fl. violette. P. T.

17. ———————— pourpre. Va.

18. ———————— bleu pâle.

19. ———————— rouge.

20. — jaunâtre. *I. lutescens. I. pumila, varietas.* Fl. d'un jaune pâle, veiné de rouge brun. P. T.

21. — bulbeuse. *I. xiphium.* Fleur violet foncé, varié de bleu et de jaune. P. T.

22. ———————— à grande fleur bleue, traces blanches, une raie jaune.

23. ———————— bleu pâle et jaune soufre.

24. IRIS bulbeuse. *I. xiphium*. Fl. d'un beau bleu , petite fleur.
25. ——————— blanc et petit bleu.
26. ——————— beau brun et jaune. Oran.
27. ——————— d'un jaune verdâtre.
28. ——————— tout blanc.
29. ——————— blanc et petit bleu.
5o. — de Perse. *I. Persica*. Fleur blanche , teinte de bleu. P. T.
51. — scorpioïde. *I. scorpioïdes*. Oran.
52. — à longues feuilles. *I. halophila*. Fl. d'un blanc pur. V. P. T.
33. — double bulbe. *I. sisyrinchium*. V. P. T.

1. ITÉE de Virginie. *Itea Virginica*. Fl. blanche. P. T. B.

1. IMMORTELLE commune ou Annuelle. *Xeranthemum annuum* Fl. purpurines.
2. — à bractées. *X. bracteatum*. Fleur d'un jaune d'or. (Bisannuelle.) Oran.

1. IMPERIALE couronnée. Couronne impériale. *Imperialis coronata. Fritillaria imperialis*. Fleur rouge safrané.
2. ——————— à feuilles panachées de blanc.
3. ——————— à fleurs jaunes orange.
4. ——————— à fleurs citron.
5. ——————— à fleur d'un beau jaune.
6. ——————— à tige applatie, fleur d'un beau rouge.
7. ——————— à feuilles panachées de jaune.

(35)

1. IXORE écarlate. *Ixora coccinea.* S. C.

1. JACINTHE orientale. Jacinthe des Fleuristes. *Hya-cinthus orientalis.* Une collection de beaucoup de variétés.

1. JACOBÉE maritime. *Voyez* Cinéraire.

1. JAMBOSIER à feuilles longues. *Eugenia jambos.* Fleur blanche. S. C.

1. JASMIN blanc, ordinaire. *Jasminum officinale.*
2. —————————— à feuilles panachées de Janus.
3. —————————— à fleurs doubles. P. T.
4. — d'Italie. J. Genet. *J. humile.* Fleur jaune. P. T.
5. — à feuilles de Cytise. *J. fruticans.* Fleur jaune. P. T.
6. — d'Espagne, ou à grandes fleurs. *J. grandiflorum.* Oran.
7. —————————— à fleurs doubles. Va.
8. — jonquille. *J. odoratissimum.* Fl. jaune. Oran.
9. — des Açores. *J. Azoricum.* Fl. blanches. Oran.
10. —————————— à feuilles panachées de jaune. Va.
11. — genouillé. *J. geniculatum.* Fl. blanches, odorantes. S. T.

1. JASMINÉE toujours verte. *Gelsemium sempervirens. G. nitidum. Bignonia sempervirens.* Fl. jaunes, odorantes. Oran.

1. JONQUILLE. *Voyez* Narcisse.

1. JOUBARBE commune ou des toits. *Sempervivum tectorium.* P. T.
2. — arachnoïde. *S. arachnoideum.* Fleurs purpurines. P. T.
3. — de montagne. *S. montanum.* Fleur d'un pourpre clair. P. T.
4. — globifère. *S. globiferum.* Fl. jaunes. P. T.
5. — en arbre. *S. arboreum.* Fl. jaunes. Oran.
6. ——————— à feuilles panachées de blanc.

1. IPOMÉE écarlate. *Ipomea coccinea.* Annuelle.

1. JULIENNE à fleurs doubles, blanches, odorantes. *Hesperis matronalis.* P. T.
2. ——————— à fleurs violettes. Va.
3. — de Mahon. Giroflée de Mahon. H. *maritima.* Fleur rouge-violet. Annuelle.

1. KALMIE à feuilles larges. *Kalmia latifolia.* Fleurs d'un rouge-rose ou carné. P. T. B.
2. — à feuilles étroites. *K. angustifolia.* Fleurs d'un rouge vif. P. T. B.
3. — poliée. K. à feuilles d'olivier. *K. polifolia. K. oleæfolia.* Fleurs *idem , idem.*

4. KALMIE glauque. K. glauca. K. *rosmarinifolia.*
   Fleurs roses. P. T. B.

1. KETMIE des jardins. Althœa frutex des jardiniers.
   Hybiscus syriacus. Fl. blanche rosée. P. T.
2. ——————————— à grandes fleurs blanches. Va.
3. ——————————— à feuilles panachées. Va.
4. ——————————— à fleur violet-foncé. Va.
5. ——————————— à fleur violet-clair. Va.
6. ——————————— à fleur double, rouge. Va.
7. ——————————— à fleur double, blanche.
8. — rose de la Chine. H. *rosa sinensis.* A fleur simple, rouge. S. C.
9. ——————————— à fleur double. Va.
10. — écarlate. Mauvisque écarlate. H. *malvaviscus.*
    Malvaviscus coccineus. M. arborens. S. T.
11. — à feuilles de manihot. H. *manihot.* Fleur jaune.
    S. C.
12. — élégante. H. *speciosus.* S. C.
13. — des marais. H. *palustris.* Fl. blanches. P. T.
14. — à feuilles en coin H. *cuneifolius.* Fleurs jaunes,
    safranées. S. T.
15. — musquée. Ambrette. H. *abelmoschus.* Fleur
    d'un jaune soufre. S. C.
16. — trifoliée. H. *trionum.* Fleur jaune-soufre. (An-
    nuelle.)

1. KIGGELLAIRE d'Afrique. *Kiggellaria Africana.* Fleurs jaunes. Oran.

1. KOELREUTERIA. *Voyez* Savonnier.

1. LACHENALE tricolore. *Lachenalia tricolor*. Fl. jaunes orangées, pourpres. Oran.

1. LAGERSTROME des Indes. *Lagerstromia Indica*. Fleur pourpre-vif. Oran.

1. LAITRON en arbre ou ligneux. *Sonchus fruticosa*. Fleur jaune. Oran.
2. — à grandes feuilles. *S. plumerii*. Fl. bleues. V. P. T.
3. — des marais. *S. palustris*. Fl. jaune. V. P. T.

1. LANTANA à fleurs variées. Camara à fleurs variées. *Lantana Camara*. Fleurs jaunes et rouges ensuite. S. C.
2. — piquant. *L. aculeata*. Fl. jaunes, **rouge ensuite.** S. C.
3. — à fleurs blanches, très-odorantes. *L. nivea*. S. C.
4. — à feuilles de sauge. *L. salvifolia*. Fl. rouges. S. C.
5. — colereté. *L. involucrata*. Fleurs blanches, mêlées de rose-pâle. S. C.

1. LAUREOLE vulgaire. *Daphne laureola*. Fl. jaune soufre. P. T.
2. — gentille, Bois gentil, Mézéréon. *D. Mezereum*. Fleurs rouges, odorantes. Baies rouges. P. T.
3. ————— à fleurs blanches, baies jaunes. Va.
4. — dorante. Thymelée. *D. cneorum*. Fl. d'un rouge rose, P. T.
5. — des Alpes. *D. Alpina*. Fl. blanches, odorantes. P. T.

6. LAURÉOLE de la Chine. *D. sinensis. D. indica. D. odora.* Fl. blanches, très-odorantes. Oran.
7. ———————————————— à feuilles bordées de blanc. Va.
8. — des collines. *D. collina. D. sericea.* Fleurs violettes, odorantes. Oran.
9. — à feuilles de citron. *D. pontica.* Fl. jaunes, odorantes. Oran.
10. — blanche. *D. tarton-raira.* Fl. jaunes. Oran.

1. LAURIER franc, d'Apollon ou commun. *Laurus nobilis.*
2. ———————————————— à feuilles panachées.
3. ———————————————— de la Caroline. *L. Caroliniana.* Oran.
4. — des Indes. L. Royal. *L. Indica.* Fleurs blanches. Oran.
5. — camphrier. *Laurus camphora.* Fleurs blanches. Oran.
6. — rouge. *Laurus borbonia.* Fleurs jaunâtres. Oran.
7. — faux benjoin. *L. benzoin. L. pseudobenzoin.* Fl. jaunâtres. P. T.
8. — de Madère. *L. fœtens. L. Maderiensis.* Oran.

1. LAUROSE ou Laurier-rose commun. *Nerium oleander.*
2. ———————————————— à fleurs blanches.
3. ———————————————— à fleurs jaunes.
4. — odorant, à fleurs simples, carnées. *N. carneum.*
5. ———————————————— à fleurs doubles roses, panachées de blanc. *N. odoratum.*
6. ———————————————— à feuilles panachées.

1. LÈDE à feuilles étroites. *Ledum palustre.* Fleurs blanches. P. T. B.
2. ———————————————— à tiges couchées. *L. decumbens.* Va.
3. ———————————————— à feuilles larges. Thé du Labrador. *L. latifolium.* Fleurs blanches. Id.

1. LEONURUS. *Voyez* Phlomide.

1. LEPIDIUM à larges feuilles, Passerage. *Lepidium
    latifolium.* Fl. blanches. V. P. T.

1. LEPTOSPERME thé. *Leptospermum thea.* Fleurs
    blanches. Oran.
2. — à balais. *L. scoparium.* Fl. blanches, filets des
    étamines rouges. *Dito.*
3. ———————————— à feuilles de myrte. *L. myrti-
    folium.* Filets blancs. *Id.*
4. — cotonneux. *L. lanigerum. L. tomentosum.* Fl.
    blanches. *Id.*
5. ———————— pubescent. *L. pubescens.* Id.

1. LIERRE panaché en blanc. *Hedera helix.*

1. LILAS commun. *Syringa vulgaris.* Fl. violettes.
2. ———————— d'un violet-rose. Lilas d'Ambour-
    nay, dont les panicules sont du
    double de grosseur du lilas
    commun.
3. ———————— rouge pourpre. Lilas de Marly.
    S. media.
4. ———————— à fleurs blanches.
5. — de Perse. *S. Persica.* Fleurs d'un pourpre-clair.
6. ———————— à fleurs blanches.
7. ———————— à feuilles pinnatifides. *S. persica laci-
    niata.* Fleurs d'un pourpre foncé

3. LILAS varin, *S. varina. S. Rothomagensis.*

1. LIN vivace. L. de Sibérie, *Linum perenne.* Fleur
   bleue. P. T.
2. — ligneux. *L. suffruticosum.* Fl. blanches. Oran.
3. — maritime, *Linum maritimum.* Fl. jaunes. Oran.
   et P. T.

1. LINAIRE à feuilles de genet. *Linaria genistifolia.*
   Fleurs jaunes. P. V. P. T.

1. LIQUIDAMBAR d'Amérique. *Liquidambar sti-
   racifiua.* P. T.

1. LISERON satiné. *Convolvulus cneorum.* Fl. blanches, rosées. Oran.

1. LIS blanc commun. *Lilium candidum.* P. T.
2. ————————————— à fleurs doubles. Va, *L. candidum flore pleno.*
3. ————————————— à feuilles panachées et fleurs
   doubles. Va.
4. ————————————— ensanglanté. *L. candidum pur-
   pureo variegatum.* Fleurs
   panachées de pourpre.
5. — orangé. *L. croceum. L aurantiacum.* P. T.
6. ———————— à tige bulbifère. *L. bulbiferum.* Va.
7. — de Chalcédoine. *L. Chalcedonicum.* Fleurs écarlates. P. T.

8. LIS martagon. *L. Martagon.* Fleurs d'un rouge safran, avec des points noirs. P. T.

9. ——————— à fleurs jaunes et olives. *Idem.*

10. ——————— violet. *Idem.*

11. ——————— blanc. *Idem.*

12. — du Canada. *L. Canadense.* Fleurs jaunes, tachetées de points noirâtres. *Idem.*

13. — superbe. *L. superbum.* Fleurs jaunâtres et rouges, orangées. *Idem.*

14. — des Pyrénées. *L. Pyrenaicum.* Fl. d'un jaune clair. *Idem.*

1. LOBELIE siphilitique. *L. siphilitica.* Fleur bleue. V. P. T.

2. — cardinale. *L. cardinalis.* Fleurs écarlates. *Idem.*

3. — éclatante. *L. fulgens.* Fleurs écarlates. *Idem.*

4. — magnifique. *L. splendens.* Fl. écarlates. *Idem.*

1. LUZERNE en arbre. *Medicago arborea.* Fleur jaune. Oran.

1. LYCHNIDE de Calcédoine, croix de Jérusalem. *Lychnis Chalcedonica* Fleurs rouges. V. P. T.

2. ——————— à fleurs blanches. *Id.*

3. ——————— à fleurs carnées. *Id.*

4. ——————— à fleurs carnées, panachées. *Idem.*

5. ——————— à fleurs doubles, rouges. *Idem.*

6. — laciniée. *L. floscuculi,* à fleurs doubles, roses. *Id.*

7. ——————— à fleurs plus doubles et rameaux moins effilés. *Idem.*

8. — visqueuse. *L. viscaria,* à fleurs rouges doubles. *Idem.*

9. — à grandes fleurs. *L. grandiflora. L. coronata.* Fleurs écarlates. *Idem.*

10. — dioïque. *L. dioica,* à fleurs rouges, doubles. *Id.*

11. ——————— à fleurs blanches, doubles. *Idem.*

12. ——————— à fleurs couleur de chair, doubles. *Id.*

1. LYCIET d'Europe, jasminoïde. *Licium Europæum.*
   Fleurs violettes. P. T.
2. — du Japon. *Voyez* Serissa.

1. LYSIMACHIE vulgaire, Corneille. *Lysimachia
   vulgaris.* V. P. T.
2. — de Virginie. *L. Virginica.* Fleurs jaunes. *Idem.*
3. — à feuilles de saule. *L. ephemerum.* Fleur blanche.
   V. P. T.

1. MAGNOLIER à grandes fleurs. Laurier tulipier.
   Magnolia grandiflora. Fl. grandes, blanches,
   odorantes, feuilles ferrugineuses. Oran.
2. ————————————————————à feuilles ovales lancéolées non-ferru-
   gineuses en-des-
   sous.
3. — glauque. *M. glauca.* Fleurs blanches, odorantes.
   P. T.
4. — acuminé. *M. acuminata.* Fl. d'un bleu verdâtre.
   Idem.
5. — parasol. *M. tripetala. M. umbrella.* Fl. blanches, odorantes. *Id.*
6. — auriculé. *M. auriculata. M. fraseri.* Fl. d'un
   blanc soufre, odorantes. *Id.*
7. — discolore. *M. discolor. M. obovata. M. denu-
   data. M. purpurea.* Fleurs d'un beau pourpre
   en-dehors, d'un blanc pur en-dedans, odorantes. *Idem.*

1. MAHERNE incisée. *Mahernia incisa.* Fl. écarlates
   safranées, Oran,

1. MAQUI du Chili. *Aristotelia macqui.* Fl. blanches. Oran.

1. MARGUERITE commune ou vivace. *Bellis perennis.* Fleurs blanches, doubles.
2. ——————————————— à fleurs panachées, doubles.
3. ——————————————— à fleurs roses, doubles.
4. ——————————————— à fleurs rouges, doubles.

1. MARJOLAINE à coquille. *Voyez* Origan.

1. MARRONNIER d'Inde. *OEsculus hippocastanum.* Fleurs blanches, panachées de rouge.
2. ——————————————— à feuilles panachées.
3. ——————————————— à fleurs jaunes. *OE. flava.*
4. ——————————————— à fleurs rouges. *OE. pavia.*
5. ——————————————— hybride. *OE. pavia hybrida. OE. pallida.* Fl. d'un rouge pâle.
6. — nain, Pavia nain ou à longs épis. *OE. macrostachia. OE. parviflora. OE. spicata.* Fleurs blanches.

1. MARTYNIE anguleuse, Cornaret, Bicorne anguleux. *Martynia angulosa.* Fl. blanches, tachetées de pourpre. (Annuelle.)

1. MATRICAIRE commune, à fleurs doubles. *Matricaria parthenium.* Fleurs blanches.

2. MATRICAIRE de la Nouvelle-Hollande. Fl. blanches. V. P. T.

1. MAUVE musquée. *Malva moschata* ou *Alcea*. Fl. roses. V. P. T.
2. — d'Illyrie. *M. Illyrica*. Fleur cramoisi, bisannuelle. P. T.
3. — écarlate. *M. miniata*. Oran.

1. MELÈZE commun ou blanc. *Larix communis*. P. T.
2. ———————— à branches pendantes. *Id.*
3. — toujours vert. Cèdre du Liban. *L. Cedrus. Id.*

1. MÉLIANTHE pyramidal, ou à larges feuilles. *Melianthus major*. Fl. d'un rouge foncé. Oran.

1. MELALEUQUE à feuilles de bruyère. *Melaleuca ericœfolia. M. diosmœfolia*. Fleurs blanches. Oran. B.
2. — à feuilles de millepertuis. *M. hypericifolia*. Fl. rouges. Oran.
3. — à feuilles étroites. *M. angustifolia, linariifolia, hyssopifolia, rosmarinifolia, stricta*. Fleurs blanches. Oran.
4. — à feuilles de myrthe. *M. myrtifolia. M. squarrosa*. Fleur d'un blanc jaunâtre. Oran.
5. — à feuilles de thym. *M. thymifolia. M. gnidiœfolia*. Fl. blanches. Oran.
6. — à feuilles contournées. *M. styphelioides*. Fleurs .... Oran.
7. — à feuilles de coris. *M. corifolia*. Oran.

1. MENTHE commune , Baume. *Mentha sativa.*
2. — poivrée ou d'Angleterre. M. *piperita.*

1. MESEMBRIANTHEMUM. *Voyez* Ficoïde.

1. METHONIQUE superbe , Superbe du Malabar,
   Glorieuse superbe. *Methonica superba.* Fleurs
   d'un rouge aurore. S. C.

1. METROSIDEROS à feuilles étroites. M. *citrina.*
   M. *angustifolia.* Fl. rouges. Oran. B.
2. ——————— à feuilles linéaires. M. *linearis.*
   Feuilles de quatre pouces et
   demi sur une ligne. Fl. d'un
   rouge un peu pâle. Oran.
3. ——————— à feuilles moitié plus larges et
   plus longues que la première
   espèce. M. *citrina.*
4. — en panache ou lancéolé. M. *lophanta.* M. *lanceolata.* Fl. d'un beau rouge foncé. Oran.
5. ——————— à larges feuilles. M. *lophanta
   latifolia.* Fleurs *id.*
6. ——————— à feuilles épaisses. M. *crassifolia.* Fl. *id.*
7. ——————— à feuilles de myrte. M. *myrti-
   folia. Anciliata? Buxifolia.*
   Fl. d'un beau rouge.
8. — à longues feuilles. M. *longifolia.* Fleurs rouges.
   Oran.

9. MÉTROSIDÉROS plumeux. **M.** *plumosa.* Fleurs
rouges. Oran.
10. — glanduleux. M. *glandulosa.* **M.** *scabra.* **M.** *ri-*
gida. Fl. rouges. Oran.
11. — à feuilles de saule. M. *saligna.* Feuilles bordées,
Fl. jaunâtre. Oran.
12. — à feuilles d'osier. **M.** *viminalis.* Fleurs blanchâtres. Oran.
13. — à feuilles de laurier. M. *laurifolia.* Fleurs d'un
blanc jaunâtre. M. *floribunda.* M. *connata.*

1. MICOCOULIER austral. *Celtis australis.* Fleurs
verdâtres, fruits noirs. P. T.

1. MILLEPERTUIS à grandes fleurs. *Hypericum*
calycinum. Fleurs jaunes. P. T.
2. — luisant ou des Açores. H. *foliosum.* Fleurs jaunes.
Oran.
3. — de Mahon. H. *Balearicum.* Fleur jaune. Oran.
4. — en arbrisseau. H. *frutescens.* H. *elatum.* Fleurs
jaunes. P. T.
5. — fétide. H. *hircinum.* Fleurs jaunes. P. T.
6. — d'Égypte. H. *OEgyptiacum.* Fl. jaunes. Oran.
7. — des Canaries. H. *Canariense.* Fl. jaunes. Oran.
8. — réfléchi. H. *reflexum.* H. *Teneriffæ.* Oran.
9. — tout sain. H. *Androscemum.* Fl. jaunes. P. T.

1. MIMULE glutineux. *Mimulus glutinosus.* M. *au-*
rantiacus. Fleurs d'un jaune orangé. Oran.

1. MOGORI sambac, jasmin d'Arabie. *Nyctanthes*
sambac, jasminum sambac. Fleurs blanches,
très-odorantes. S. C.

2. MOGORI sambac, à fleurs doubles, souvent prolifères. S. C.

3. —————————— de Toscane, fleurs pleines, beaucoup plus grandes. *N. Etrusca.
Idem.*

1. MONARDE à fleurs rouges. *Monarda didyma.*
V. P. T.
2. — fistuleuse. M. *fistulosa.* Fleurs violettes. V. P. T.
3. — ciliée. M. *ciliata.* Fleurs violettes. V. P. T.

1. MORÉE de la Chine. *Morœa sinensis. Ixia sinensis. Belamcanda sinensis.* Fleurs d'un jaune
pourpré, avec des taches rouges. V. P. T.
2. — iridiforme. *M. irioïdes.* Fleurs blanches,
avec une tache jaune, Oran.
3. — à longue gaine. M. *vaginata.* M. *northiana.* Iris
northiana. Fl. blanches tachetées de pourpre.
S. C.

1. MORELLE, faux piment, amomum vulgaire. *So-
lanum pseudocapsicum.* Fleurs blanches, baies
rouges. Oran.
2. — de Buenos-Ayres. *S. Bonariense.* Fleurs blanches, baies orangées. Oran.
3. — pyracanthe. *S. pyracantha.* Fl. d'un bleu clair,
baies d'un rouge pâle. S. T.
4. — auriculée. *S. auriculatum.* Fleurs blanches, en
ombelle. Oran.
5. — inclinée. *S. reclinatum.* Fleurs bleues, baies
jaunes. S. T.
6. — lichoïde. *S. lichoïdes.* Fl. blanches, odorantes,
baies rouges. Oran.
7. — bordée. *S. marginatum.* Fleurs blanches, baies
d'abord marbrées de blanc et de vert, jaunes
ensuite. Oran.
8. — douce-amère, vigne de Judée. *S. dulcamara.*
Fleurs violettes, baies rouges. P. T.

(69)

9. MORELLE douce-amère , à feuilles panachées.
10. — pomme d'amour. *S. lycopersicum*, Fl. blanches ,
   fruits rouges. (Annuelle.)
11. — aubergine , melongine. *S. melongena*. Fleurs
   blanches, fruit violet. (Annuelle.)
12. —————————— à fruit blanc , plante à œuf. *S. melongena ovifera.*

1. MOURON à feuilles étroites. *Anagallis monelli.*
   Fleurs bleues. Oran.
2. — frutescent. *A. fruticosa. A. grandiflora.* Fleurs
   écarlates. Oran.

1. MUFLIER majeur. *Antirrhinum majus,* Fleurs
   purpurines. V. P. T.

1. MUGUET de mai. *Convallaria maïalis.* Fl. blanches, très-odorantes. V. P. T.
2. —————————— à fleurs doubles.
3. —————————— à fleurs roses.
4. — du Japon. *C. Japonica.* Fl. blanches, inodores ,
   fruits bleus. V. P. T.
5. — sceau de Salomon. *C. Polygonatum.* Fl. blanchâtres, doubles et odorantes. V. P. T.
6. — smilace à deux feuilles. *C. bifolia. Smilacina ,
   myanthemum bifolium.* V. P. T.

1. MUSCARI odorant , jacinthe musquée. *Muscari
   ambrosiacum, hyacinthus muscari. M. suaveolens.* Fleur d'un rouge brun. V. P. T.

2. MUSCARI paniculé. M. *monstruosum, hyacinthus monstruosus paniculatus*. Fleurs bleuâtres. V. P. T. (Lilas de terre commun.)
3. — à feuilles de jonc. M. *racemosum*. Fleurs bleues. V. P. T.

1. MYRSINE d'Afrique. *Myrsine Africana*. Fleurs rougeâtres. Oran.

1. MYRTE commun, à feuilles larges. *Myrtus romana*. Fleurs blanches. Oran.
2. ——————— de Portugal, à feuilles lancéolées. M. *Lusitanica*. Oran.
3. ——————— sous variété, à feuilles panachées.
4. ——————— Belgique, à feuilles lancéolées acuminées. M. *Belgica*. Oran.
5. ——————— sous variété, à fleurs doubles.
6. ——————— Bétique, ou à feuilles d'oranger. M. *Bætica*. Oran.
7. ——————— d'Italie pyramidal, à petites feuilles lancéolées. M. *Italica*. Oran.
8. ——————— sous variété, à feuilles bordées de blanc.
9. ——————— de Tarente, à feuilles courtes. M. *Tarentina*. Oran.
10. ——————— à feuilles mucronées. M. *mucronata*. Feuilles petites, linéaires et pointues. Oran.

1. NARCISSE de poëte. *Narcissus poeticus*. Fleur blanche, très-odorante. V. P. T.
2. ——————— variété à fleur double.

3. NARCISSE sauvage. *N. pseudo-narcissus.* Fleur jaune double. V. P. T.
4. — jonquille. *N. jonquilla.* Fleurs simples jaunes, odorantes. V. P. T.
5. ———————— à fleurs doubles.
6. ———————— à grandes fleurs simples, précoces et inodores. V. P. T.
7. — multiflore, N. à bouquet. *N. tazetta,* Fleur blanche, à calice orange. V. P. T.
8. ———————— variété à fleurs doubles.
9. ———————— à fleur blanche et à calice citron.
10. ———————— à fleur jaune et à calice aurore.
11. ———————— à fleur tout-à-fait blanche.
12. ———————— à fleur d'un blanc de lait et à calice citron.

1. NEFLIER-AUBÉPINE , épine blanche. *Mespilus oxyacantha , Cratœgus oxyacantha.* Fleurs blanches. P. T.
2. ———————————— variété à feuilles plus grandes et fruits plus gros. M. O. *major.*
3. ———————————— à fleurs roses, simples. M. O. *rosea.*
4. ———————————— à fleurs doubles, blanches, M. O. *plena.*
5. — de Maroc , N. de Constantinople. M. *Maura,* M. *Maroceana,* M. *Constantinopolitana.* Fl. blanches. P. T.
6. — à feuilles de tanaisie. M. *tanacetifolia.* Fleurs blanches, odorantes, fruits jaunes. P. T.
7. — à feuilles de saule. M. *salicifolia.* P. T.
8. — cotonnier. M. *cotoneaster.* Fleurs blanches , fruits rouges. P. T.
9. — ergot de coq. M. *crusgalli.* C. *crusgalli.* Fl. blanches, fruits rouges. P. T.
10. — à larges feuilles. M. *latifolia.* Fleurs petites, blanches, fruits petits aussi, rouges et ovales. P. T.

11. NEFLIER petit corail. *M. corallina.* M. *aceri-folia. C. cordata*, M. *phœnopyrum*, fruits petits, obronds, d'un rouge de corail. P. T.

12. — écarlate. M. *coccinea. C. coccinea.* Fruits gros, ronds et d'un beau rouge écarlate. P. T.

13. — du Japon, bibacier. M. *Japonica.* Fl. blanches, odorantes. P. T.

14. — commun. M. *germanica*, M. *sylvestris.* Fleurs blanches, fruits d'un gris fauve. P. T.

15. ——————— cultivé. M. *G. hortensis.* Feuilles plus grandes, fruits plus gros. P. T.

16. — buisson ardent. M. *pyracantha.* Fl. blanches, fruits ronds, petits et d'un rouge éclatant. P. T.

1. NERPRUN purgatif. *Rhamnus catharticus.* Fleurs blanchâtres, baies noires. P. T.

2. — bourdaine, bois à poudre. *R. frangula.* Fleurs verdâtres, baies noires. P. T.

3. — alaterne. *R. Alaternus.* Fleurs verdâtres. P. T.

4. ——————— à feuilles lancéolées, étroites. *R. A. angustifolius.*

5. ——————— à feuilles maculées de jaune. *R. A. maculatus.*

6. ——————— à feuilles panachées de jaune. *R. A. aureo-variegatus.*

7. ——————— à feuilles panachées de blanc. *R. A. albo-variegatus.*

1. NOYER commun, à coque tendre. *Juglans regia.* P. T.

2. ——————— à gros fruit. *J. macrocarpa.* P. T.

3. — à feuilles de frêne. *J. fraxinifolia.* P. T.

4. — d'Amérique. *J. Americana.* P. T.

1. ONAGRE bisannuelle. *OEnothera biennis*. Fleurs jaunes. P. T.
2. — grandiflore. *OE. grandiflora*. Fleurs jaunes. P. T.
3. — rose. *OE. rosea*, *OE. rubra*. Viv. P. T.

1. OEILLET des fleuristes. *Dianthus caryophyllus*.
2. ———————————— à longues écailles imbricées. Va.
3. — couché. *D. deltoïdes*. Fl. rouges. Viv. P. T.
4. — de la Chine. OE. de la régence. *D. sinensis*. Fl. panachées de rouge vif. Viv. P. T.
5. — plumeux. *D. plumarius*. Fl. blanches, panachées de brun. Viv. P. T.
6. — frangé, mignardise. *D. moschatus*. Fl. blanches, marquées de brun. Viv. P. T.
7. — barbu, Bouquet parfait. *D. barbatus*. Fleurs rouges, doubles, blanches ou panachées. Viv. P. T.
8. — œillet très-petit. *D. minimissimus*.
9. — d'Espagne, OE. de poëte. *D. hispanicus, caryophyllus barbatus, hortensis, angusti-folius*. Fl. rouges. Viv. P. T.
10. ———————————— à corymbe. *D. corymbosus*. Fleurs rouges. V. P. T.
11. — Marlborough. *D. moschatus maximus*. Fleur brune et blanche. V. P. T.

1. ORANGER citronnier commun. *Citrus medica*. Fl. blanches, pourpres à l'extérieur. Oran.
2. ———————————— à fleurs tout-à-fait blanches.
3. ———————————— à odeur de rose. *C. mella rosa*.
4. ———————————— à petit fruit.
5. — limon. *C. limon*.
6. ———————————— à feuilles ondulées.
7. — de Portugal. *C. aurantium Olissiponense*.
8. ———————————— de la Chine. *C. A. sinense*, très-petites feuilles.

9. ORANGER bigarade , fruit safran , rougeâtre , gros et amer.
10. ———————————— cornue et à fleurs doubles.
11. ———————————— à fruit violet.
12. ———————————— non-pareille.
13. — à feuilles de myrte.
14. — nain. O. muscade. *C. humilis. C. A. humilis.*
15. ——————— bergamotte. *C. A. bergamium.*
16. ——————— pommier d'Adam.
17. ——————— Suisse , fruit , feuilles et bois panachés de blanc.
18. ——————— Turc. *C. A. lunatum.* Feuilles bordées de blanc , larges à leur extrémité.
19. ——————— riche dépouille , feuilles rondes , frisées.
20. ——————— poire.
21. — chaddoch. Pampelmouse , pampelmoës. Popu-leum. *C. decumana.* Fl. épaisses , fruits très-gros.
22. — à trois feuilles. *C. trifoliata.*

2. OREILLE-D'OURS. *Voyez* Primevère.

1. ORIGAN d'Egypte , Marjolaine à coquille. *Origa-num AEgyptiacum.* Fleurs blanches. Oran. ou P. T.
2. ——————— de Crète, dictamne. O. *dictamnus.* Feuilles orbiculaires , très-cotonneuses , blanchâ-tres. Fleurs purpurines. Oran. ou P. T.

1. OROBE printannier. *Orobus Vernus.* Fl. purpu-rines, V. P. T.

1. ORME commun. *Ulmus campestris.*
2. ———————— à feuilles larges et rudes. *U. vulgaris.*
3. ———————— à feuilles glabres. *U. glabra.*
4. ———————— à feuilles glabres, panachées. *U. glabra variegata.*
5. ———————— à écorce épaisse, fongueuse. *U. fungosa. U. suberosa.*

1. ORNITHOGALE ombellé, Dame d'Onze Heures. *Ornithogalum umbellatum.* Fleurs blanches. V. P. T.
2. — pyramidal. *O. pyramidale, O. narbonense.* Fl. blanches. V. P. T.
3. — à long épi. *O. caudatum.* Fl. blanches. Oran.

1. ORPIN reprise, Orpin commun. *Sedum telephium.* Fleurs purpurines. Viv. P. T.
2. — à feuilles rondes. *S. anacampseros.* Fleur d'un blanc rougeâtre. *Idem, idem.*
3. — crête de coq. *S. cristatum.* Oran.
4. — à feuilles de peuplier. *S. populifolium.* Fleurs blanches. Viv. P. T.
5. — réfléchi, Trique-Madame. *S. reflexum.* Fleurs jaunes. V. P. T.

1. OXALIDE blanche, Pain de coucou. *Oxalis acetosella.* V. P. T.
2. — pourpre. *O. purpurea. O. speciosa.* Oran.
3. — pied de chèvre. *O. caprina.* Fleurs jaunes. Oran.
4. — variée. *O. versicolor.* Fleur blanche, bordée d'une raie d'un rouge brun. Oran.

1. **PALIURE-PORTE-CHAPEAU**, Epine de Christ, Argalon. *Paliurus petasus. P. aculeatus. Rhamnus paliurus.* Fl. jaunes. P. T.

1. **PANCRAIS** maritima. *Pancratium maritimum.* Fl. blanches. P. T.
2. — des Antilles. *P. Caribœum.* Fl. blanches, odorantes. S. C.
3. — d'Illyrie. *P. Illyricum. P. stellare.* Fl. blanches, odorantes. S. C.
4. — d'Amboine. *P. amboinense.* Fl. blanches. S. C.

1. **PANICAUT** améthyste. *Eryngium amethystinum.* Fleurs d'un beau bleu. V. P. T.
2. — des Alpes. *E. Alpinum.* Fl. idem, id. V. P. T.

1. **PASTEL** des teinturiers, Guède, Vouède. *Isatis tinctoria.* Fl. jaunes. (Bisannuel.)

1. **PATIENCE** des Jardins. *Rumex patientia.* Fl. verdâtres. V. P. T.
2. — sanguine. Sang de dragon. *R. sanguineus.* V. P. T.

1. **PAVOT** somnifère. *Papaver somniferum.* Pavot des Jardins, tige de quatre à cinq pieds. Fleurs doubles, de toutes couleurs. (Annuel.)
2. — coquelicot. *P. rhœas.* Tige d'un pied et demi. Fl. doubles, couleurs différentes. Annuel.

3. PAVOT jaune. *P. cambricum.* Fleur d'un jaune-
    soufre. V. P. T.
4. — du Levant. *P. Orientale.* Fleurs d'un rouge
    éclatant. V. P. T.

1. PÊCHER commun. *Persica communis.*
2. —————————— à fleurs doubles.
3. —————————— Avant-Pêche blanche , peau
    blanche , mi-juillet.
4. —————————— Petite Mignone , double de
    Troyes , fin d'août.
5. —————————— Madeleine rouge, mi-septembre.
6. —————————— Grosse-Mignone, août.
7. —————————— Malte , mi-septembre.
8. —————————— Bellegarde , mi-septembre.
9. —————————— L'Admirable , mi-septembre.
10. —————————— La Bourdine , mi-septembre.
11. —————————— L'Admirable , belle de Vitry ,
    mi-septembre.
12. —————————— La Royale , mi-septembre.
13. —————————— Le Teton de Vénus , fin sep-
    tembre.
14. —————————— La Nivette , fin septembre.
15. —————————— La Persique , fin septembre.
16. —————————— La Pavie rouge de Pomponne,
    octobre.
17. —————————— Brugnon violet musqué , fin
    septembre.
18. —————————— La Petite Violette hâtive , fin
    d'août.

1. PENSÉE. *Voyez* Violette.

1. PERCENEIGE d'été. *Leucoium œstivum.* Fleur
    blanche. V. P. T.

1. PERCE-NEIGE. *Voyez* Galantine.

1. PERIPLOQUE de Grèce. Arbre à soie de Virginie.
Periploca Græca. Fleurs d'un pourpre foncé.
P. T.

1. PERVENCHE majeure. Grande Pervenche. *Vinca
major.* Fleurs bleues. V. P. T.
2. — mineure. Petite Pervenche. *V. minor.* Fleurs
bleues. V. P. T.
3. ————————————— à fleurs blanches.
4. — rose. P. de Madagascar. *V. rosea.* S. C.
5. ————————————— à fleurs blanches et centre
rouge.

1. PEUPLIER blanc. Bois blanc. *Populus alba.* P. T.
2. ————————————— blanc de Hollande. Bois blanc
de Hollande. *P. nivea.* Va.
3. — Tremble. *P. tremula.*
4. — d'Athènes. *P. Græca.*
5. — d'Italie. *P. fastigiata. P. dilatata.*
6. — noir. *P. nigra.*
7. — Suisse. P. de Virginie. *P. Virginiana.*
8. — à grandes dents. *P. grandidentata.*
9. — de la Caroline. *P. angulosa. P. angulata.*
10. — Liard. Grand Baumier. *P. viminea. P. candicans.*
11. — Baumier. *P. balsamifera. P. tacamahaca.*
12. — du Canada. *P. monilifera.*

1. PHALANGERE, lis Saint-Bruno. *Phalangium li-liastrum*. Fleurs blanches. V. P. T.
2. — à feuilles graminées. *P. liliago*. Fl. blanches. V. P. T.
3. — rameuse. *P. ramosum. Anthericum ramosum.* Fleurs blanches. V. P. T.

1. PHYLLIREA. *Voyez* Filaria.

1. PHYLLIQUE bruyeriforme, Bruyère du Cap, vul-gaire. *Phylica ericoïdes*. Fl. blanches. Oran.
2. — à feuilles de romarin. *P. rosmarinifolia*. Fleurs blanches. Oran.
3. — plumeuse. *P. plumosa*. Fleurs blanches. Oran.
4. — à feuilles de buis. *P. buxifolia*. Fleurs blanches. Oran.

1. PHLOMIDE frutescente. *Phlomis fructicosa*. Fl. jaunes. V. P. T.
2. — à fleurs pourpres. *P. purpurea*. V. P. T.
3. — tubereuse. *P. tuberosa.* Fleurs purpurines. V. P. T.
4. — queue de Lion. *P. leonurus*. Fleurs d'un bel écarlate. Oran.

1. PHLOX paniculé. *Phlox paniculata*. Fl. pourpre-pâle ou lilas. V. P. T.
2. ——————————— variété à fleurs blanches.
3. — blanc. *P. suaveolens. P. candida.* Fleurs d'un blanc pur, odorantes. V. P. T.
4. ——————————— variété à feuilles panachées de blanc.
5. — maculé. *P. maculata.* Fleurs d'un pourpre bleuâtre. V. P. T.

6. PHLOX de la Caroline. *P. Caroliniana.* Fl. d'un beau pourpre. V. P. T.
7. — glabre. *P. glaberrima.* Fl. d'un pourpre-clair. V. P. T.
8. divariqué. *P. divaricata.* Fleurs plus grandes que celles des espèces précédentes , d'un bleu léger en avril. V. P. T.
9. — rampant. *P. reptans. P. stolonifera.* Fl. d'un lilas violet ou bleu pâle , odorantes. V. P. T.
10. — velu. *P. pilosa.* Fleurs d'un beau pourpre rose , en juin. V. P. T.
11. — subulé. *P. subulata.* Fleurs d'un joli lilas pourpre. V. P. T.
12. — frutescent. *P. fruticosa.* Fl. bleues. V. P. T.

1. PHORMIUM rameux , Lin de la Nouvelle - Zélande. *Phormium tenax.* Fleurs jaunes. Oran. ou P. T.

1. PIED D'ALOUETTE. *Voyez* Dauphinelle.

1. PIGAMON jaunâtre. *Thalictrum flavum speciosum. T. speciosum.* V. P. T.
2. — à feuilles d'Ancolie. *T. aquilegifolium. T. atropurpureum* , tige verte et étamines blanches. V. P. T.
3. ————————————— à tiges pourprées et étamines pourpres. Va.

1. PIMENT annuel, Piment des jardins , Poivre de Guinée. *Capsicum annuum.* Fl. blanches, fruit rouge et alongé.

1. PIN sauvage , P. d'Ecosse , P. de Genève. *Pinus sylvestris. P. rubra.*
2. ———————— de montagne , Pin mugho. *P. montana. P. sylvestris montana.*
3. ———————— de Riga. P. de Russie.
4. — pinastre , grand Pin maritime. *P. sylvestris. P. maritima. P. m. major.*
5. — de Corse. *P. lariccio.*
6. — d'Alep , P. de Jérusalem. *P. Alepensis.*
7. — cultivé , P. Pinier ou Pignon. *P. pinea. P. sativa.*
8. — de Virginie ou de Gersey. *P. Inops , P. Virginiana.*
9. — de Sibérie , Alviez du Briançonnais , Pin Cembro. *P. Cembra. P. sylvestris montana tertia.*
10. — blanc du Canada , Pin du lord Weymouth. *P. strobus.*

1. PITTOSPORUM à feuilles ondulées. *Pittosporum undulatum.* Fl. blanches , odorantes. Orau.

1. PIVOINE officinale. *Pœonia officinalis mas. P. corallina.* Fl. d'un beau rouge. V. P. T.
2. ———————— variété à Fl. doubles , rouges. *P. O. femina.*
3. ———————— à fleurs doubles roses.
4. ———————— à fleurs doubles blanches.
5. — à feuilles menues. *P. tenuifolia.* Fl. rouges. V. P. T.

1. PLANERE aquatique. *Planera aquatica.* P. T.

1. PLAQUEMINIER d'Europe. *Diospyros lotus.*
P. T.
2. — de Virginie. *D. Virginiana.* P. T.

1. PLOMBAGO. *Voyez* Dentelaire.

1. PODALYRE austral. *Podalyria australis.* Fl.
bleues. V. P. T.

1. PODOCARPUS. *Voyez* If.

1. POIRIER commun. *Pyrus communis. P. sylvestris.*
2. ———————— variétés très-nombreuses, culti-
vées. *P. sativa.*
3. ———————— à feuilles panachées.
4. — à feuilles de saule. *P. salicifolia.* Fl. blanches,
solitaires . fruits petits.
5. — de Sinaï. *P. Sinaica.* Feuilles cotonneuses dans
leur jeunesse.

Meilleures variétés du Pyrus sativa, *par
ordre de maturité.*

6. — petit muscat, 7, en gueule, Muscat Robert,
petits fruits , mûrit en juillet.
7. — madeleine , fruit moyen , rond ; juillet.
8. — rousselet hâtif, fruit petit, rouge vif d'un côté;
août.
9. — cuisse madame, cueillette, fruit allongé ; août.
10. — épargne, fruit moyen et long, verdâtre, marqué
de fauve ; août.
11. — poire sans peau, fruit moyen, allongé, jaune,
tacheté de rouge d'un côté ; août.

12. — épine rose, fruit gros, rond, aplati, imitant la crassane, d'un vert jaunâtre, tiqueté de brun ; août.

13. — salviati, fruit moyen, rond, d'un jaune de cire ; août.

14. — bon chrétien d'été, musqué, fruit turbiné, jaune, marqué de rouge ; août.

15. — rousselet de Reims, fruit petit, turbiné, allongé, d'un rouge brun d'un côté ; septembre.

16. — gros rousselet ; septembre.

17. — verte longue, mouille-bouche, fruit gros, long ou turbiné, vert ; septembre.

18. — d'Angleterre, fruit moyen, long, d'un gris verdâtre, tiqueté ; septembre.

19. — beurré gris, gros fruit ovale ; septembre.

20. ——————— d'Anjou, fruit plus petit, presque rond, très-rouge, plus sucré que le beurré gris. *Sous variété.* Septembre.

21. — doyenné, fruit gros, d'un jaune doré, rond ou allongé ; septembre.

22. ——————— piqueté, fruit plus allongé ou arrondi, jaune, tiqueté de points ; septembre.

23. ——————— gris, fruit arrondi, gris. Ce fruit se garde plus long-temps, et est meilleur que le premier. Septembre.

24. — messirejean, fruit gros, rond, d'un gris jaune ; octobre.

25. — sucré vert, fruit oblond, toujours vert.

26. — bon chrétien d'Espagne, fruit très-gros, aminci vers la queue, d'un rouge foncé, tiqueté de points gris.

27. — crassane, fruit rond, aplati, la queue longue, d'un gris jaunâtre.

28. — épine d'hiver, fruit moyen, allongé, elliptique, uni, d'un vert blanchâtre.

29. — Louise bonne, fruit gros, long, imitant le Saint-Germain, lisse, vert, ponctué.

30. — Martin-sec, fruit turbiné, allongé, d'un rouge brun, tiqueté de points blancs.

31. — marquise, fruit gros, allongé, jaunâtre, tiqueté de points.

32. — échassery, Bézi de chassery, fruit parfaitement ovale, jaunâtre.

33. — chaumontel. B. de chaumontel, fruit gros, d'un rouge foncé d'un côté, souvent grisâtre.

34. — Saint-Germain, fruit allongé, toujours vert dans certains sols, d'un beau jaune, et fort gros dans d'autres.

35. — virgouleuse, fruit gros, ovale, jaune, avec des points.

36. — royale d'hiver, fruit gros, presqu'ovale, sans presque s'amincir vers la queue, rouge d'un côté, jaune de l'autre, ponctué.

37. — angélique de Bordeaux, fruit gros, imitant le bon-chrétien, mais plus gros.

38. — colmars, fruit gros, ovale ou turbiné, jaune, ponctué.

39. — bergamotte de Pâques, fruit très-gros et rond, vert, tiqueté de points gris.

40. — bon-chrétien d'hiver, fruit turbiné, d'un vert jaunâtre.

1. POIS vivace. *Latyrus latifolius.* Fl. rouge. V. P. T.

2. — tubéreux. *L. tuberosus.* Fl. roses. V. P. T.

3. — à odeur. *L. odoratus.* Annuel.

1. POMMIER sauvage. *Malus sylvestris. Pyrus malus.* Fl. grandes, blanches et couleur de rose pâle.

2. — odorant. *M. coronaria.* Fl. grandes, d'un beau blanc, odorantes.

3. — à bouquets. *M. spectabilis.* Fl. grandes, roses, fruits petits et jaunes. P. T.

4. — baccifère, pomme cerise. *M. baccata.* Fleurs d'un blanc rosé, fruits très-petits et rouges. P. T.

5. — toujours vert. *M. sempervirens. M. angustifolia.*

Meilleures variétés par ordre de maturité.

6. — Calleville d'été , passe - pomme , pomme de glace.
7. — rambour franc.
8. — reinette jaune hâtive.
9. — fenouillet jaune. Drap d'or.
10. — fenouillet rouge. Court pendu. Fruit gris foncé, fouetté de rouge.
11. — calleville rouge d'hiver. Gros fruit rouge brun, à côtes.
12. — calleville blanche. Gros fruit jaune, à côtes très-saillantes.
13. — pigeon. Fruit conique, rouge d'un côté ou rayé de rouge.
14. — reinette d'Angleterre, pomme d'or, pepin d'or, reinette douce. Fruits moyens, d'un jaune d'or.
15. — grosse reinette d'Angleterre. Gros fruits jaune clair, tiqueté de points bruns, ou à points roussâtres.
16. — api. Petit fruit rouge d'un côté, jaune de l'autre.
17. ——— noir.
18. — reinette blanche. Fruit moyen, d'un vert jaune clair, tiqueté de points bruns, bordés de blanc.
19. — rambour d'hiver, d'un vert jaune, tiqueté et rayé d'un rouge foncé. Gros fruit aplati.
20. — reinette grise. Fruit gros, aplati ou oblong, gris, rude au toucher, avec une teinte jaunâtre, et rougeâtre d'un côté.
21. — reinette franche. Gros fruit aplati et un peu anguleux, d'un jaune pâle, tiqueté de points bruns.

1. POLEMOINE bleue , vulgairement la Valériane grecque. *Polemonium cœruleum.* V. P. T.
2. ——————— à fleurs blanches. Va.
3. — rampante. *P. reptans.* Fleurs d'un bleu pâle. V. P. T.

1. POLYGALE à feuilles de myrte. *Polygala myrti-folia*. Fl. d'un pourpre brillant en-dedans, blan-ches en-dehors. Oran.

1. POLYGONUM. *Voyez* Renouée.

1. PONTÉDÉRIA en cœur. *Pontederia cordata*. Fl. d'un bleu pâle. V. P. T.

1. POPULAGE des marais, Souci de marais. *Caltha palustris*. Fl. jaunes, doubles. V. P. T.

1. POTENTILLE frutescente. *Potentilla fruticosa*. Fl. jaunes. P. T.
2. — à feuilles de fraisier. *P. fragarioïdes*. Fleur blanche. V. P. T.

1. PRIMEVÈRE officinale. *Primula officinalis, pri-mula veris*. Fl. jaunes, en ombelle. V. P. T.
2. ——————————— variétés très-nombreuses, fort jolies.
3. — sans tige. *P. acaulis. P. grandiflora*. Fl. soli-taire, jaune. V. P. T.
4. ——————— variétés très-nombreuses, simples et doubles.
5. — oreille-d'ours. *P. auricula*. V. P. T.
6. ——————— variétés très-nombreuses.
7. ——————— à fleur double, pourpre.
8. ——————————— jaune.

1. PRINOS. *Voyez* Apalanchine.

1. **PROTÉE** soyeux. *Protea sericea.* Ecailles calicinales glabres. Corolles jaunes. Oran.
2. — élégant. *P. speciosa.* Ecailles calicinales variées de jaune, de brun, de blanc et de noir. Oran.
3. — à feuilles glauques. *P. glauca.* Ecailles inférieures glabres, les supérieures soyeuses. Oran.
4. — rameux. *P. levisanus.* Corolles d'un jaune doré, Oran.

1. **PRUNIER** domestique. *Prunus domestica,*
2. ———————————— à fleurs doubles. Va.

Meilleures variétés cultivées.

3. — damas. *P. damascena.* Damas violet. Fruit moyen, allongé, violet. Fin d'août.
4. ——————— rouge. Fruit ovale, d'un rouge foncé d'un côté, pâle de l'autre. Mi-septembre.
5. ——————— noir hâtif. *P. hungarica.* Fruit moyen, presque rond, d'un violet clair, foncé dans la maturité. Fin d'août.
6. ——————— de maugeron. Fruit gros, presque rond, d'un violet clair. Fin d'août.
7. — Monsieur. Fruit gros, presque rond, un peu comprimé, d'un beau violet. Fin juillet.
8. — royale de Tours. *P. regia.* Fruit gros, aplati du côté de la gouttière, d'un violet peu foncé, tiqueté de jaune. Fin juillet.
9. — Brignoles. *P. Brignola.* Fruit jaunâtre, tiqueté de rouge.
10. — perdrigon. *P. perdrigona. P. amygdalina.* Fruit petit, allongé, d'un vert léger, tiqueté de rouge. Septembre.
11. ——————— violet. Un peu plus gros. Fin d'août.

12. — perdrigon rouge. Fruit un peu plus gros, d'un beau rouge, tiqueté de jaune.

13. — reine-claude, Dauphine. *P. claudiana*. Fruit gros, rond, un peu comprimé, vert, tacheté de gris et de rouge.

14. ——————————— variété, à fruit inférieur en forme et en qualité.

15. — abricotée. *P. maliformis*. Gros fruit ovale, jaunâtre d'un côté, rouge de l'autre. Septembre.

16. — grosse mirabelle. *P. cereola*. Drap d'or. Fruit petit, arrondi, jaune, tacheté de rouge. Mi-août.

17. ——————————— variété à fruit plus petit, inférieur.

18. — impériale violette. *P. imperialis*. Fruit gros, ovale, allongé, d'un violet clair. Mi-août.

19. ——————————— blanche.

20. — Sainte-Catherine. *P. cerea*. Fruit moyen, allongé, d'un beau jaune, avec une gouttière profonde. Septembre et octobre.

Espèces cultivées pour agrément.

21. — mirobolan. *P. cerasifera*. *P. myrobolana*. Fruits d'un pourpre violet foncé.

22. — couché. *P. prostrata*. Fleurs d'un beau rouge, fruits rouges.

23. — de la Chine. *P. Sinensis*. Amandier à fleurs doubles des Jardiniers. Fleurs doubles, d'un rouge rose, fruits globuleux, bruns dans leur maturité.

1. PSIDIUM. *Voyez* Gouyavier

1. PSORALÉE bitumineuse. Trèfle bitumineux. *Psoralea bituminosa*. Fl. bleues, Oran.

2. — pinnée. *P. pinnata*. Fleur bleue et blanche. Oran.

1. PTELEA à trois feuilles, vulgairement Orme de Samarie. *Ptelea trifolia.* Fleurs d'un blanc verdâtre. P. T.

1. PULMONAIRE officinale. *Pulmonaria officinalis.* Fl. bleue. V. P. T.
2. ———————— de Virginie. *P. virginica.*

1. PYRACANTHA. *Voyez* Néflier.

1. RAFNIA ou *Raphnia* émoussée. *R. retusa.* Fleurs d'un pourpre foncé. Oran.

1. REINE des Prés. *Voyez* Spyræa.

1. RENONCULE à feuilles d'aconit, *Ranunculus aconitifolius*, à fleurs blanches doubles, bouton d'argent, vulgaire. V. P. T.
2. — des Jardins. R. semi - double. *R. asiaticus.* Variétés nombreuses. V. P. T.
3. ———————— pivoine. Fleur plus grosse, rouge.
4. ———————— souci doré. Va. V. P. T.
5. ———————— séraphique d'Alger. Va. V. P. T.
6. — bulbeuse. *R. bulbosus*, à fleurs doubles, jaunes, quelquefois prolifères. V. P. T.
7. — rampante. *R. repens.* Fleurs jaunes, doubles. V. P. T.

8. RENONCULE âcre , Bassinet. *R. acris.* Fl. d'un beau jaune , doubles. V. P. T.
9. — de Crète. *R. Creticus.* Fl. jaunes. Viv.

1. RENOUÉE bistorte. *Polygonum bistorta.* Fleurs rouges. V. P. T.
2. — du Levant, grande Persicaire des Jardins. *P. Orientale.* Fl. rouge. Annuelle.
3. ——————— à fleurs blanches. Va.

1. RHODIOLE rose. R. odorante. *Rhodiola rosea, sedum Rhodiola.* V. P. T.

1. RHUBARBE rapontic. *Rheum rhaponticum.* Fleurs blanches. V. P. T.

1. RHODODENDRON ferrugineux , Rosage ferrugineux. *Rhododendrum ferrugineum.* Fleurs d'un rouge vif ou rose. P. T. B.
2. — velu. *R. hirsutum.* Fleurs d'un rouge éclatant, rameaux jaunâtres et feuilles bordées de jaune. P. T. B.
3. ——————— à rameaux rougeâtres et feuilles d'un beau vert.
4. — de la Daourie. *R. Dauricum.* Fleurs violettes. P. T. B.
5. — à fleurs pourpres. *R. Ponticum.* Fleurs pourpres. P. T. B.
6. ——————— à fleurs roses. Va.
7. ——————— à feuilles étroites. Va.
8. ——————— à feuilles panachées. Va.

9. RHODODENDRON ponctué. *P. ponctatum. R. minus. R. parviflorum.* Fleurs couleur de chair. P. T. B.

10. — à feuilles larges. *R. maximum.* Fleurs d'un joli rose. P. T. B.

11. ———————————— à fleurs blanches. Va.

1. RICIN commun, Palma-Christi. *Ricinus communis.*

2. ———————————— variété pourpre. *R. rutilans.*

1. ROBINIER, faux Acacia, Acacia blanc. *Robinia pseudo acacia.* Fleurs blanches, odorantes.

2. ———————————— sans épines. *R. inermis.* Fleurs jaunes. P. T.

3. ———————————— élégant. *R. spectabilis.* Fleurs blanches, odorantes. P. T.

4. — visqueux. *R. viscosa. R. montana.* Fleurs d'un rouge rose. P. T.

5. — hispide, Acacia rose. *R. hispida.* Fleurs roses. P. T.

6. — arborescent. *R. caragana. Caragana arborescens.* Fleurs jaunes. P. T.

7. — argenté. *S. halodendron. R. halodendron.* Fl. d'un rose pâle. P. T.

8. — de la Chine. *C. chamlagu. R. chamlagu.* Fleurs jaunes. P. T.

9. — frutescent. *C. frutescens. R. frutescens. C. digitata.* Fl. jaunes. P. T.

10. — pigmé. *R. pigmæa.* Fleurs jaunes.

1. — ROCHEA écarlate. *Rochea coccinea. R. falcata, Crassula falcata. C. obliqua.* Fleurs écarlates. S. C.

1. ROMARIN officinal. R. commun. *Rosmarinus offi-*
cinalis.

2. ——————————— panaché en jaune.

1. RONCE à fleurs doubles. *Rubus flore pleno.*

2. ——————————— sans épines. *R. inermis.*

3. — odorante, Framboisier du Canada, vulgaire. *R.*
odoratus. Fleurs roses, odorantes. V. P. T.

4. — framboisière, Framboisier commun. *R. idœus.*
Fruits rouges.

5. ——————————— variété à fruits blancs.

1. ROSIER jaune. *Rosa lutea. R. eglanteria.* Fleurs
jaunes simples , inodores.

2. ——————————— variété à deux couleurs. R. capucine.
R. ponceau R. d'Autriche. *R. bi-*
color. R. austriaca. R. punicea.

3. — de mai. R. canelle R. du Saint-Sacrement. *R.*
cinnamomea. R. maïalis. Fleurs rouges doubles ; elles ont une odeur douce.

4. — à fleurs d'un jaune soufre. *R. sulphurea. R.*
glaucophylla. Fleurs doubles, inodores.

5. ——————————— variété moins haute , à fleurs doubles.
R. sulphurea parva , duplex.

6. — à feuilles de pimprenelle. *R. pimpinellifolia.*
Fleurs petites , blanches, inodores.

7. ——————————— variété à fleurs doubles.

8. — très-épineux, à feuilles glauques. *R. spinosissima*
glauca. Fleurs blanches carnées, doubles, peu
odorantes.

9. — de Pensylvanie, R. à petites fleurs. *R. Pensyl-*
vanica. R. parviflora. R. Carolina. Fl. roses.

10. ——————————— variété à fleurs doubles.

11. — hispide. *R. villosa.* Fleurs roses.

12. ——————————— variété à fleurs doubles.

13. ——————————— pomifère. *R. pomifera.* Ses fleurs sont
moins nombreuses et ses fruits plus
gros.

14. ROSIER des Alpes. *R. Alpina.* Fl. roses, semi-doubles; elles ont une odeur très-douce.

15. — de Provence. *R. Provincialis.* Fleurs simples ,
d'un violet foncé , velouté, ou d'un pourpre
noirâtre.

16. —————————— variété à fleurs pleines , d'un beau
cramoisi , tachetées d'un brun foncé. *R. cremesina.*

17. —————————— à fleurs d'un rose pourpré , très-
doubles. *R. rosea purpurea.*

18. —————————— à fleurs doubles d'un pourpre noir.
R. atropurpurea.

19. — de Champagne. R. de Meaux. *R. Rhemensis. R.
Meldensis. R. provincialis.* Fleurs très-doubles,
peu odorantes, d'un rouge foncé, de la grandeur de celle du rosier pompon ou de Bourgogne.

20. — Gallique. R. de Provins. *R. Gallica.* A fleurs
d'un rouge pâle.

21. —————————— à fleurs semi-doubles. *R. G. semiplena.*

22. —————————— à fleurs panachées. *R. versicolor. R.
prænestina.*

23. —————————— à fleurs doubles. *R. G. plena.*

24. —————————— à fleurs rouges pleines. *R. G. plenissima rubra.*

25. —————————— changeante. *R. mutabilis. R. maheca.*
Fleurs d'abord d'un rouge rosé , ensuite rouge vif qui passe au brun
foncé.

26. —————————— variété à fleurs plus grandes.

27. — à cent feuilles. *R. centifolia.*

28. —————————— des peintres. *R. pictorum. R. maxima.*
V a.

29. —————————— unique. *Rosa nivea.* Fleur d'un beau
blanc , les pétales extérieurs teints de
rouge.

30. —————————— de Bordeaux, gros pompon. *R. centifolia minor.*

31. —————————— de Normandie. *R. Normandica.* Fleurs
d'un rose pâle, presque blanches , plus
grandes que celles du rosier pompon.

32. —————————— de vilmorin. *R. vilmorina. R. centifolia carnea.* Rose transparente. Fl.
d'une couleur de chair , tendre.

33. ROSIER bipinné ou à feuilles de céleri. *R. bipinnata*. Fleurs roses, semblables à celles de la rose à cent feuilles.

34. —————— à feuilles de chou. *R. bullata*. Fleurs semblables à celles de la rose à cent feuilles.

35. —————— prolifère.

36. — mousseux. *R. muscosa*. Fleurs roses.

37. — carné. R. couleur de chair. Cuisse de nymphe. *R. carnea. R. incarnata.*

38. —————— variété à fleurs plus rouges dans le centre.

39. — toujours vert. R. grimpant. *R. sempervirens. R. scandens.* Fleurs blanches, musquées.

40. — turbiné. R. de Francfort. R. à gros cul. *R. turbinata. R. Francofurtensis.* Fleurs roses, doubles, peu odorantes.

41. — à feuilles de frène. *R. fraxinifolia. R. turgida.* Rosier turneps. Fl. roses, doubles.

42. — églantier à fleurs roses semi-doubles. *R. rubiginosa. R. eglanteria. R. suavifolia.* Ses feuilles ont l'odeur de pomme de reinette.

43. — musqué. Rose musc. de vulgaire. *R. moschata.* Fleurs blanches, semi-doubles.

44. —————— variété à fleurs doubles.

45. — du Bengale. *Rosa Bengalensis. R. semperflorens. R. diversifolia.* Fleurs roses, simples.

46. —————— à fleurs roses, doubles.

47. —————— à fleurs roses, pleines.

48. —————— à fleurs pourpres, doubles.

49. —————— à fleurs pourpres, bordées de blanc et crispées. Rose bichon.

50. —————— à fleurs blanches, doubles.

51. — de Macartney. *R. Macartnea. R. bracteata.* Fleurs blanches, simples.

52. — blanc. *R. alba.* Fleurs semi-doubles, blanches.

53. —————— à fleurs doubles, blanches.

54. —————— à fleurs pleines, blanches, carnées, arrondies et régulières. *R. regia alba.*

55. —————— à fleurs doubles, couleur de chair, bien épanouies, régulières. *R. regia carnea.*

56. — allongée. R. d'Hollande, vulgaire. *R. elongata. R. multiflora. R. Hollandica.* Fl. roses doubles, très-précoces.

(95)

57. ROSIER de Damas. *R. Damascena.* Fleurs grandes, roses, semi-doubles.

58. ———————————— variété à feuilles soyeuses. *R.
argentea.*

59. — des quatre saisons. *R. bifera. R. semperflorens.
R. menstrualis.* Fleurs roses, doubles.

60. ———————————— à fleurs d'un rose pâle, doubles.

61. ———————————— à fleurs pleines, blanches ou carnées.

62. ———————————— à fleurs pleines, roses, un peu panachées.

63. ———————————— de Portland. *R. Portlandica.* Fl.
grandes, semi-doubles, d'un
rouge vrai.

64. ———————————— du calendrier. *R. calendarium.*
Fl. roses. *An. R. virginalis?*

65. — à fruits pendans. *R. sans épines. R. pendulina.*
Fl. roses, simples.

66. — onguiculé. *R. unguiculata,* rose-œillet. *R. caryophyllea.* Fleur carnée, odorante.

67. — pyramidal, rose pallidior ou grande couronnée,
fleurs très-grandes, semi-doubles, roses.

68. — Junon, rose Junon impériale. Fl. rose, double,
de moyenne grandeur.

69. ———————————— variété à fleurs rouges, pourpres.

70. — d'Italie. *R. Italica.* Fleurs doubles, roses,
carnées.

71. — phénix ou feu panaché.

72. — ornement de parade, fleurs roses, très-doubles.

73. — ornement de carafe, fleurs roses, très-doubles.

74. — sans épines. *R. inermis sub viridis.* Fleur blanche, double.

75. — blanche nouvelle. *R. alba nova cœlestis.* Fleurs
blanches, doubles.

76. — bischoep.

77. — agathe, rose agathe. Fleurs roses, doubles.

78. ———————————— rose agathe pyramidale.

79. ———————————— rose agathe monstrueuse. Fleurs carnées,
très-doubles.

80. ———————————— agathe suprême, hortansia et rose.

81. — pourpre de Tyr.

82. — multiflore. *R. multiflora. R. scandens.*

83 ROSIER Kinchton.
84. — blanc-chair , à calice lice.
85. — zabeth.

1. RUDBECQUE à feuilles laciniées. *Rudbeckia laciniata*. Fleurs jaunes. V. P. T.
2. — velu, obéliscaire. R. *hirta*. Fl. jaunes , disque brun. V. P. T.
3. — digité. R. *digitata*. Fleurs jaunes. V. P. T.
4. ———————— à fleurs pourpres. R. *purpurea*. V.P.T.

1. RUE commune. *Ruta graveolens*. Fleurs jaunes. V. P. T.
2. ———————————— variété à feuilles panachées.

1. RUELLIE bleue. *Ruellia varians*. *Eranthemum pulchellum*. S. T. mieux S. C.

1. SAFRAN cultivé. S. d'Automne. *Crocus sativus*. Fleur d'un violet pourpre. P. T.
2. — printannier. *Crocus vernus*. Fl. jaune , grande.
3. ———————— variété à fleur jaune , rayée de brun, petite , fleurit quinze jours après l'espèce.
4. ———————— violet , les trois pétales supérieurs rayés de brun.
5. ———————— blanc , la base des pétales soufre.
6. ———————— gris de lin. Fleurit un mois après l'espèce.
7. ———————— à trois pétales supérieurs lilas , et trois inférieurs blancs.
8. ———————— lilas foncé ou bleu tendre. Fleurit quinze jours après l'espèce.

9. SAFRAN printanier blanc, la base des pétales violette. Fleurit en même-tems que la variété précédente.

1. SAINFOIN d'Espagne ou à bouquets. *Hedysarum coronarium.* Fl. rouges. V. P. T.

1. SALICAIRE. *Lythrum salicaria.* Fleurs roses. V. P. T.

1. SANGUINAIRE du Canada. *Sanguinaria Canadensis.* Fleur blanche. V. P. T.

1. SANICLE. *Voyez* Astrance.

1. SANSEVERIA de Guinée. *Senseveria Guineensis, Aletris Guineensis.* Fl. blanches, odorantes. S. C.

1. SANTOLINE cupressiforme, Garde-robe, petit Cyprès. *Santolina chamæcyparissus.* Fleurs jaunes.

1. SAPIN commun, Sapin blanc, S. à feuilles d'If. *Abies alba. A. taxifolia.*
2. — baumier, Baumier de Gilead. *A. balsamea. Pinus balsamea.*
3. — du Canada, sapinette. *A. Canadensis. P. Canadensis. A. Americana.* Hemlocke spruce fir tree.
4. — Epicia de Norwège. *A. Picea. P. abies.* Norway spruce fir tree. Cônes cylindriques, pendans, de cinq pouces environ de longueur.
5. — Epicia blanc, S. d'Amérique, *A. Americana. A. Canadensis, Pinus alba.* White spruce fir tree. Newfoundland spruce fir tree. Cônes cylindriques, pendans, de deux pouces et demi environ de longueur.
6. — Epicia noir, *A. Nigra. P. Nigra. P. Mariana. A. Mariana.* Black spruce fir tree. Cônes cylindriques, oblongs, pendans, de quinze à dix-huit lignes.

1. SARRÈTE élevée, *Serratula prœalta, Chrysocoma prœalta.* Fleur pourpre. Viv. P. T.
2. — de Novéborac. *C. Noveboracensis.* Fl. violettes. V. P. T.

1. SAUGE commune. S. officinale. *Salvia officinalis.* Fleurs bleues. Viv. P. T.
2. ——————————— tricolore, *S. Tricolor.*
3. ——————————— panachée. *S. variegata.*
4. ——————————— à feuilles étroites. *S. angustifolia minor.*
5. — élégante, *S. formosa.* Fleurs grandes, d'un beau rouge écarlate, Oran.
6. — écarlate. *S. coccinea.* Fleurs écarlates. Oran.
7. — fausse écarlate. *S. pseudococcinea.* Fleurs d'un rouge écarlate. Oran,
8. — dorée. *S. aurea.* Fleurs d'un jaune foncé. Oran.

9. SAUGE sclarée. *S. sclarea*. Fl. grandes, bleuâtres. Bisannuelle. P. T.

1. SAULE pleureur, Saule de Babylone. S. parasol. *Salix Babilonica*.
2. — argenté. *S. argentea*. Feuilles ovales lancéolées, soyeuses et argentées.
3. — blanc. *Salix alba*. Feuilles lancéolées, longues, pointues, blanchâtres et soyeuses en-dessous.

1. SAVONNIER paniculé. *Sapindus paniculata. Kœlreuteria paniculata. K. paullinoïdes. S. sinensis, Paullinia aurea*. Fl. jaune. P. T.

1. SAXIFRAGE de Sibérie. *Saxifraga crassifolia*. Fleurs d'un rouge rose. Viv. P. T.
2. — cotylédone, S. pyramidale, vulgairement Sedon. *S. cotyledon*. Fl. blanches. Viv. P. T.
3. — stolonifère, ou de Chine. *S. stolonifera, S. sarmentosa*. Fleurs blanches. Viv. Oran. P. T.
4. — réniforme. *S. geum*. Fl. blanches. Viv. P. T.
5. — à feuilles rondes. *S. rotundifolia*. Fleurs blanches, chargées de points rouges. Viv. P. T.
6. — granulée à fleurs doubles. *S. granulata*. Fleurs blanches. Viv. P. T.
7. — mousease. *S. hypnoïdes*. Fleurs blanches. Viv. P. T.
8. — des Pyrénées. *S. Pyrenaïca*. Fleurs blanches. Viv. P. T.

1. SCABIEUSE des Alpes. *Scabiosa Alpina*. Fleur jaune. V. P. T.

1. SCEAU de Salomon. *Voyez* Muguet.

1. SCHINUS à folioles dentées , Poivrier du Pérou , vulgaire. *Schinus molle.* Fl. blanches. Oran. et S. T.

1. SCILLE maritime. *Scilla maritima.* Fl. blanches. Oran. et P. T.
2. — d'Italie. *S. Italica.* Fl. bleues. P. T.
3. — du Pérou. *S. Peruviana.* Fleurs bleues. Oran. et P. T.
4. ——————— variété à fleurs blanches.
5. — vacillante. *S. amœna. S. lilio-hyacinthus.* Fl. bleues. P. T.
6. — double feuille. *S. bifolia.* Fl. bleues. P. T.
7. — jacinthe. *S. hyacinthoïdes.* Fleurs bleues. P. T.

1. SCORPIONE des Marais , ou Souvenez-vous de Moi. *Myrosotis palustris.* Fleur d'un beau bleu. V. P. T.

1. SCROPHULAIRE à feuilles de sureau. *Scrophularia sambucifolia.* Fleurs rougeâtres , mêlées de vert. Viv. P. T.

1. SEDON. *Voyez* Orpin.

1. SENEÇON élégant. Seneçon d'Afrique vulgaire.
   Senecio elegans , à fleurs pourpres , doubles.
2. ———————————— à fleurs blanches, doubles. Va.
3. — à feuilles larges. *S. Doria.* Fl. jaunes. V. P. T.
4. — d'Orient. *S. Orientalis.* Fl. jaunes. V. P. T.

1. SERISSA à feuilles de buis. *Serissa buxifolia. S.*
   fœtida , Spermacoce fruticosa , Licium Japo-
   nicum. L. fœtidum. Fleurs blanches. Oran.
2. ———————————————— variété à fleurs doubles.

1. SIDA du Pérou. *Sida Peruviana. S. arborea.* Fl.
   d'un jaune pâle , grandes. Oran.

1. SILPHIDE à feuilles réunies. *Silphium connatum.*
   Fleurs jaunes. Viv. P. T.

1. SIDEROXYLON. *Voyez* Argan.

1. SOLDANELLE des Alpes. *Soldanella Alpina.* Fl.
   d'un bleu rougeâtre. V. P. T.

1. SOLEIL. *Voyez* Helianthe.

1. SOPHORE du Japon. *Sophora Japonica.* P. T.
2. — à quatre ailes. *S. tetraptera.* Fl. d'un beau jaune.
Oran.
3. — à petites feuilles. *S. microphylla.* Fleurs jaunes.
Oran.

1. SORBIER des Oiseleurs. *Sorbus aucuparia.* Fleurs
blanches, fruits d'un beau rouge.
2. — d'Amérique. *S. Americana.* Fleurs blanches,
fruits plus gros et d'un rouge de vermillon.
3. — hybride. *S. hybrida.* Fleurs blanches, fruits
plus gros.
4. — cultivé, Cormier. *S. domestica.* Fleurs blanches,
fruits pomiformes, turbinés, rougeâtres.

1. SPARMANNE d'Afrique. *Sparmannia Africana.*
Fl. blanches, anthères, d'un jaune doré. Oran.

1. SPIGÉLIE du Maryland. *Spigelia Marylandica.*
Fl. rouge. V. P. T.

1. SPILMAN d'Afrique. Jasmin à feuilles de houx.
Spielmannia Africana, Lantana Africana.
Fleurs blanches, odorantes. Oran.

1. SPIRÉE à feuilles de saule. *Spiræa salicifolia*. Fl. rouges. P. T.
2. ——————————— variété à fleurs blanches.
3. — cotonneuse. *S. tomentosa*. Fleurs rouges. P. T. B.
4. — à feuilles de millepertuis. *S. hypericifolia*. Fl. blanches. P T.
5. — à feuilles crénelées. *S. crenata*. Fleurs blanches. P. T.
6. — à feuilles de germandrée. *S. chamædrifolia*. Fleurs blanches. P. T.
7. — à feuilles d'obier. *S. opalifolia*. Fleurs blanches. P. T.
8. — à feuilles de sorbier. *S. sorbifolia*. Fleurs blanches. P. T.
9. — barbe de bouc. *S. aruncus*. Fleurs blanches. Viv. P. T.
10. — filipendule. *S. filipendula*. Fleurs blanches. Viv. P. T.
11. ——————————— variété à fleurs doubles.
12. — Reine des Prés à fleurs doubles. *S. ulmaria*. Viv. P. T.
13. ——————————— variété à feuilles panachées.
14. — à feuilles lobées. *S. lobata. S. palmata*. Fleurs couleur de rose. Viv. P. T.
15. — trifoliée. *S. trifoliata*. Fleurs blanches. Viv. P. T.
16. — à feuilles d'orme. *S. ulmifolia. S. chamædri-folia. S. betulifolia*. Fleurs blanches en corymbes globuleux assez gros. P. T.
17. — lisse *S. lævigata. S. albana*. Fleurs blanches. Étamines d'un beau rouge. P. T.
18. — paniculée. *S. paniculata*. Fl. blanches. P. T.

1. STACHIDE de Crète. *Stachys Cretica*. Fleurs purpurines. Viv. P. T.

1. STAPELIE variée. Fleur de Crapaud. *Stapelia variegata*. Fleurs d'un jaune doré, un peu pâle. S. T.

1. STAPHYLÉ à feuilles ailées, nez coupé. Faux Pistachier. *Staphylea pinnata.* Fleurs blanches. P. T.
2. — à feuilles ternées. *S. trifolia.* Fleurs d'un blanc pur. P. T.

1. STATICÉE capitée. Gazon d'olympe. *Statice armeria. S. cæspitosa. S. montana.* Fleurs d'un rose pâle. Viv. P. T.
2. ——————————— variété à fleurs d'un rouge plus foncé.
3. — mucronée. *S. mucronata.* Fleurs en épis, d'un joli rouge. Oran.
4. — à larges feuilles. *S. latifolia. S. coriaria.* Fleurs bleuâtres. Viv. P. T.
5. — à feuilles en cœur. *S. cordata, Limonium cordatum.* Fleurs d'un rouge pâle. Viv. P. T.
6. — fasciculée. *S. fasciculata.* Fleurs d'un rose pâle. Oran.

1. STERCULIER à feuilles de platane. *Sterculia platanifolia.* Oran. et P. T.

1. STEVIE dentée. *Stevia serrata.* Fl. blanches. Oran. et P. T.
2. — à fleurs pourpres. *S. purpurea,* Oran. et P. T.

1. STRAMOINE commune. Pomme épineuse, endor-
mie. *Datura stramonium*. Fleurs blanches. Annuelle.
2. — fastueuse. Trompette du Jugement. *D. fastuosa*.
Fleurs d'un pourpre éclatant en-dehors, et d'un
blanc satiné en-dedans. Annuelle.
3. — en arbre. *D. arborea* , *Brugmansia candida*.
Fleurs blanches odorantes. S. T.
4. — cornue. *D. ceratocaula*. Fl. blanches et violettes.
Annuelle.
5. — velue. *D. metel*. Fl. blanches. Annuelle.

1. STRELITZIE de la reine. *Strelitzia reginæ*. Fl.
à six divisions; les trois extérieures d'un jaune
doré; les trois intérieures d'un beau bleu. S. C.

1. STYPHELIE gnidienne. *Styphelia gnidium*. Fl.
blanches très-odorantes. Oran.

1. SUMAC des Corroyeurs. *Rhus coriaria*. Fleurs
d'un blanc verdâtre. P. T.
2. — de Virginie. *R. typhinum*. Fleurs pourpres.
P. T.
3. — glabre. *R. glabrum*. *R. viridiflorum*. Fleurs
verdâtres. P. T.
4. — vernis. *R. vernix*. Fleurs d'un blanc verdâtre.
P. T.
5. — flexible. *R. viminale*. *R. lanceolatum*. Feuilles
nées, lancéolées, linéaires, longues, pointues.
Oran.
6. — luisant. *R. lucidum*. Feuilles ternées, les folioles assez grandes, en coin à leur base, ses-
siles, fermes, épaisses, glabres, fleurs petites,
blanchâtres. Oran.

7. SUMAC traçant. S. vénéneux. *R. toxicodendron.*
R. radicans. Feuilles ternées. P. T.
8. — fustet. Bois jaune. *R. cotynus.* Feuilles simples,
ovales, arrondies, glabres, odorantes. Fleurs
blanches. P. T.

1. SUREAU commun. *Sambucus nigra.* Fl. blanches,
baies noires.
2. ———————————— variété à feuilles laciniées. *S.*
laciniata.
3. ———————————— à feuilles panachées de blanc.
4. — du Canada. *S. Canadensis.* Fleurs blanches,
en cimes, beaucoup plus larges que celles du
précédent, baies noires.
5. — à grappes. *S. racemosa.* Fleurs blanches, en
grappes, baies rouges.

1. SYMPHORICARPOS à petites fleurs. *Symphori-*
carpos parviflora. Lonicera symphoricarpos.
Fl. très-petites, rouges. P. T.

1. SYRINGA des Jardins. *Philadelphus coronarius.*
Fleurs blanches, très-odorantes. P. T.
2. ———————————— variété naine. *P. nanus.*
3. — inodore. *P. inodorus.* Fl. une fois plus grandes
et inodores. P. T.

1. TAGÈTE étalée, œillet d'Inde. *Tagetes patula*, à
fleurs doubles. Annuelle.

2. TAGÈTE étalée , droite. *T. erecta.* Fleurs plus grosses , doubles, orangées ; orangées mêlées de jaune ; tout-à-fait jaunes. Annuelle.

3. — luisante. *T. lucida.* Fleurs d'un jaune doré. Viv. Oran. et P. T.

1. TAMARIS d'Allemagne, ou Décandrique. *Tamarix Germanica.* Fleurs d'un pourpre pâle ou rose. P. T.

1. TANAISIE commune. *Tanacetum vulgare.* Fleurs d'un beau jaune. Viv. P. T.

2. ——————————— variété à feuilles frisées , beaucoup plus grandes. *T. crispum.*

3. — baumière , Menthe coq. *T. balsamita. Balsamita suaveolens.* Fleurs jaunes. P. T.

1. TARASPIC. *Voyez* Ibéride.

1. TARCONANTE camphré. *Tarchonanthus camphoratus.* Fleurs d'un pourpre triste , les calices cotonneux et blancs. Oran.

1. TÉCOMA de Virginie , Jasmin de Virginie vulgaire. *Tecoma radicans. Bignonia radicans.* Fleurs très-grandes, d'un rouge éclatant. P. T.

1. TÉRÉBINTHE commun. *Terebinthus vulgaris.
   Pistacia terebinthus. P. vera.* P. T.
2. — lentisque. Arbre au mastic de Marseille. *T. lentiscus, lentiscus ex chio. P. massiliensis.* Fl.
   petites, purpurines. Toujours vert. Oran.

1. TEUCRIUM. *Voyez* Germandrée.

1. THALICTRUM. *Voyez* Pigamon.

1. THUYA du Canada , ou d'Occident. *Thuya Occidentalis.* P. T.
2. — de la Chine ou d'Orient. *T. Orientalis.* P. T.

1. THYM commun. *Thymus vulgaris.*
2. ——————— variété à feuilles plus larges. *T.
   latifolius.*
5. ——————— à feuilles panachées.

1. THYMELÉE des Alpes. *Voyez* Lauréole.

1. TIGRIDE à grandes fleurs. *Tigridia pavonia ,
   ferraria pavonia.* Fleurs assez grandes , à fond
   jaune et écarlate , tigrées de pourpre foncé. Or.

1. TILLEUL à larges feuilles. *Tilia platyphyllos. T. Europæa.*
2. — argenté. T. à feuilles obrondes. *T. rotundifolia. T. alba. T. argentea. T. tomentosa.*

1. TRACHELIE bleue. *Trachelium cœruleum.* Fl. d'un bleu d'azur. Oran.

1. TRÈFLE rouge. *Trifolium rubens.* V. P. T.

1. TRIFOLIUM. *Voyez* Cytise des Jardins.

1. TRITOMA à feuilles longues. *Tritoma uvaria. Aletris uvaria, Veltheimia uvaria.* Fl. rougeâtres. Oran.

1. TROÈNE commun. *Ligustrum vulgare.* Fleurs blanches, baies noires.
2. ——————————— à fruit jaune. Va.

1. TROLLE d'Europe, Troili. *Trollius Europæus.* Fleurs jaunes. Viv. P. T.

2. TROLLE d'Asie. *T. Asiaticus*. Fl. d'un beau jaune safran. V. P. T.

1. TUBEREUSE des Jardins. *Polyanthes tuberosa*. Fleurs blanches, très-odorantes.
2. ———————————————— variété à fleurs doubles.

1. TULIPE sauvage. *Tulipa sylvestris*. Fl. jaune.
2. — des Jardins. *T. gesneriana*. Une collection de trois cents variétés.
3. ———————— à fleurs doubles. Une collection de vingt variétés.
4. ———————— dragonne. Fleur jaune simple, déchiquetée.
5. ———————— dragonne, à fleur rouge, sang-de-bœuf.
6. ———————— peltot. T. dite Peltot, fleur jaune, rayée de rouge.
7. ———————— bosnelle, ou Printannière. Fleur rouge, bord gris de lin.
8. ———————— rouge cerise, bord gris de lin.
9. ———————— jaune.
10. ———————— lilas.
11. ———————— odorante, vulgairement Tulipe duc de Thol. *T. suaveolens*. Fleur rouge, jaune à sa base et à son sommet. P. T.

1. TULIPIER de Virginie. *Liriodendron tulipifera*. Fleurs d'un jaune verdâtre. P. T.

1. TUSSILAGE odorant. *Tussilago fragrans.* Fleur
blanche, purpurine. Viv. P. T.
2. — petasite. *T. petasites.* Fleurs blanches, lavées
de rouge. Viv. P. T.

1. USTERIE grimpante. *Usteria scandens. Maurandia
semperflorens.* Fleur pourpre. Oran.

1. VALERIANE rouge. *Valeriana rubra.* V. des
parterres. Viv. P. T.
2. ————————— variété à fleurs roses.
3. ————————— variété à fleurs blanches.
4. — officinale. *V. officinalis.* Fleurs rougeâtres. Viv.
P. T.
5. — des Jardins. *V. Phu.* Fleurs blanches. Viv.
P. T.
6. — des Pyrénées. *V. Pyrenaïca.* Fl. purpurines.
7. — Grecque. *V. .Polémoine.*

1. VELAR barbarée, herbe de Sainte-Barbe, vulgairement Cresson d'hiver. *Erysimum barbaræa.*
A fleurs doubles, jaunes. Viv. P. T.

1. VELTHEIMIA à feuilles verdâtres, Alétris du Cap.
*Veltheimia Viridifolia. V. Capensis. Aletris
Capensis.* Fl. roses. Oran.
2. — glauque. *V. glauca. A. glauca.* Fleurs rouges.
Oran.

1. VÉRATRE ou Varaire blanc, Ellébore blanc. *Veratrum album*. Fl. blanches. Viv. P. T.
2. — noir. *V. nigrum*. Fl. d'un rouge noirâtre. Viv. P. T.

1. VERGE d'or du Canada. *Solidago Canadensis*. Fleurit en Juillet, Août et Septembre. V. P. T.
2. ——————— à feuilles charnues. *S. lævigata*. Fleurit en Octobre et Novembre. V. P. T.
3. ——————— commune. *S. virga aurea*. Fleurit en Juillet et Août. V. P. T.
4. ——————— élevée. *S. procera*. Fleurit en Septembre et Octobre. V. P. T.
5. ——————— effilée. *S. Juncea*. Fleurit en Août. V. P. T.
6. ——————— du Mexique. *S. Mexicana*. Fleurit en Juillet et Août. V. P. T.
7. ——————— dracunculoïde. *S. dracunculoides*. Fl. en Mai. V. P. T.
8. ——————— toujours verte. *S. sempervirens*. Septembre et Octobre. V. P. T.
9. ——————— à feuilles ovales. *S. elliptica*. En Août. V. P. T.

1. VÉRONIQUE de Virginie. *Veronica Virginica*. Fleurs blanches. V. P. T.
2. — bâtarde. *V. spuria*. Fleurs bleues. Viv. P. T.
3. — maritime. *V. maritima*. Fleurs d'un beau bleu. Viv. P. T.
4. — à longues feuilles. *V. longifolia*. Fleurs bleues. V. P. T.
5. — blanchâtre. *V. incana*. Fleurs bleues. Viv. P. T.
6. — à épi. *V. spicata*. Fleurs bleues. Viv. P. T.
7. — hybride. *V. hybrida*. Fleurs bleues. Viv. P. T.
8. — laciniée. *V. laciniata*. Fleurs bleues. Viv. P. T.
9. — incisée. *V. incisa*. Fleurs bleues. Viv. P. T.

10. VÉRONIQUE teucriette. *V. teucrium.* Fleurs d'un
beau bleu. V. P. T.
11. — couchée. *V. prostrata.* Moins haute que la précédente, feuilles moins profondément dentées.
Viv. P. T.
12. — gentianoïde. *V. gentianoïdes.* Fleurs d'un bleu
pâle. Viv. P. T.
13. — dentée. *V. elliptica.* Fl. bleues. V. P. T.

1. VERVEINE odorante. *Verbena triphylla. Aloysia
citriodora.* Fleurs petites, blanches en-dessous,
un peu violettes en-dehors. Oran.

1. VIEUSSEUXIE à tache bleue. *Vieusseuxia glau-
copis.* Fleur blanche avec une tache d'un beau
bleu à sa base. Oran.

1. VIGNE à cinq feuilles, folle vigne vulgaire. *Vitis
quinquefolia, Hedera quinquefolia, Cissus
hederacea. C. quinquefolia, Ampelopsis quinquefolia.*
2. — commune. *Vitis vinifera.* Fruit noir.
3. ———————— à fruit gris, très-sucré.
4. ———————— à fruit jaunâtre, très-sucré.
5. ———————— chasselas précoce. Fruit blanc, mûrit
quelquefois dès Juillet.
6. ———————— chasselas doré, jaunâtre et rougeâtre
du côté du soleil.
7. ———————— chasselas musqué. Fruit semblable au
précédent, mais musqué et point du
tout roussâtre. Mûrit plus tard.

8.

8. ———————— cioutat, raisin d'Autriche. Fruit du
chasselas. Mûrit après lui.

9. ———————— muscat blanc, jaunâtre du côté du
soleil. Excellent quand il mûrit.

10. ———————— muscat rouge. Grains d'un beau rouge
du côté du soleil ; mûrit plus que
le précédent.

11. ———————— muscat violet. Fruit d'un violet
foncé, grains serrés.

12. ———————— muscat noir. Fruit d'un violet noir,
moins bon que le muscat blanc,
mais il mûrit davantage.

13. ———————— d'Alexandrie, grappes du muscat
blanc. Grains ovales, de la gros-
seur d'un œuf de pigeon.

14. ———————— cornichon. Fruit courbé comme un
cornichon.

15. ———————— corinthe blanc. Fr. très-petit, sucré.

16. ———————— Bourdelas. Verjus. Gouais. Grappes
grosses, grains ovales, d'un vert
jaunâtre.

1. VINETTIER commun, Epine-vinette. *Berberis
vulgaris.* Fl. jaunes. Fruits rouges.

2. ———————— à fruits sans noyau.

3. ———————— du Canada. *B. Canadensis.*

1. VIOLETTE odorante. *Viola odorata.* Fleurs d'un
bleu foncé. Viv. P. T.

2. ———————— à fleurs blanches.

3. ———————— à fleurs doubles, violettes.

4. ———————— à fleurs doubles, blanches.

5. ———————— de Parme, à fleurs précoces, semi-doubles, lilas.

6. — tricolore, Pensée. Viv. P. T.

7. VIOLETTE tricolore , à fleurs entièrement jaunes.
8. ———————————— à fleurs jaunes, panachées.
9. — grandiflore. *V. grandiflora.* Pensée à grandes
fleurs. Les deux pétales supérieurs d'un violet
foncé; les trois autres jaunes , avec une tache
violette. Viv. P. T.
10. — Palmée. *Viola palmata.* Fleurs grandes, violettes,
inodores. Viv. P. T.

1. VIORNE Laurier-thym. *Virburnum tinus.* Fl. blanches. Oran.
2. ——————————————— à feuilles oblongues , luisantes , très - glabres. *V.*
lucidum.
3. ——————————————— sous variété panachée.
4. — à tige élevée , feuilles ovales , larges , velues et
rudes. *V. strictum. V. rugosum. V. rigidum.*
Fleurs plus grandes que celles des autres lauriers-
thym. Oran.
5. — nue. *V. nudum.* Fleurs blanches. P. T.
6. — cassinoïde. *V. cassinoïdes.* Fleurs blanches.
P. T.
7. — à feuilles de prunier. *V. prunifolium.* Fl. blanches. P. T.
8. — à feuilles de poirier. *V. lentago.* V. à manchettes.
Fleurs blanches. P. T.
9. — commune. Mansienne. *V. lantana.* Fl. blanches.
Baies d'abord rouges , et ensuite noires. P. T.
10. — obier. *V. opulus.* Fleurs blanches , baies rouges.
P. T.
11. ——————————— variété à fleurs ramassées en boule.
Boule de neige, Rose de Gueldres.

1. VIPÉRINE gigantesque. *Echium giganteum.* Fl.
d'un bleu céleste. Oran.

1. VOLKAMER sans aiguillons. *Volkameria inermis.*
Fleurs blanches. S. C.
2. — odorant. *V. fragrans. V. Japonica, clerodendrum fragrans,* S. C.

1. WACHENDORFE à tige simple. *Wachendorfia thyrsiflora.* Fleur d'un jaune safrané. S. T.

1. WESTERINGIA à feuilles de romarin. *Westeringia rosmarinacea.* Fl. blanches. Oran.

1. YUCCA rustique. *Yucca gloriosa.* Fl. blanches en un panicule lâche et terminal. Le nombre des fleurs est de 150 à 200. Vulgairement l'Aiguille d'Adam. P. T.
2. — à feuilles d'aloës. *Y. aloïfolia.* Fleurit comme le précédent. Oran.
3. — à feuilles ouvertes. Y. Serpentaire, ou Y. farineux. *Y. draconis.* Oran.

1. ZANTHORHIZE à feuilles de persil. *Zanthorhiza apiifolia.* Fleurit d'un violet brun. P. T.

FIN.